乾偉藏書

民國八年二月吳目

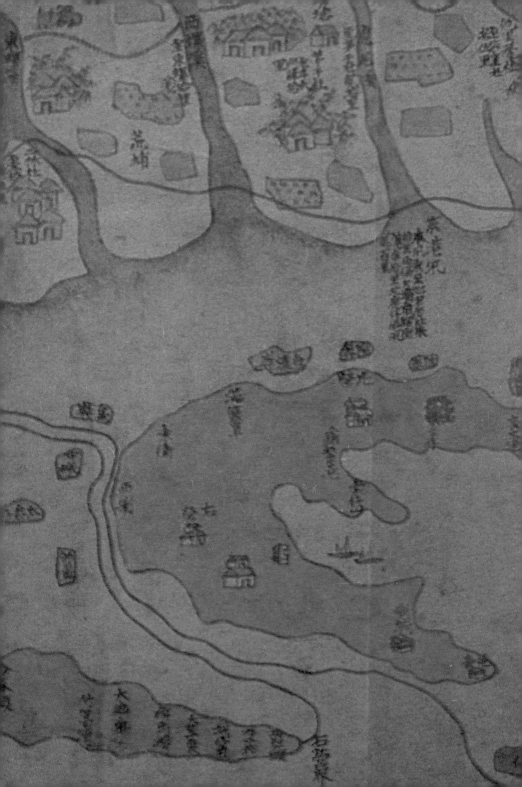

〔台灣智慧叢刊 13〕

臺原出版社

趣談民俗事

台灣民俗趣譚

文‧攝影／黃文博

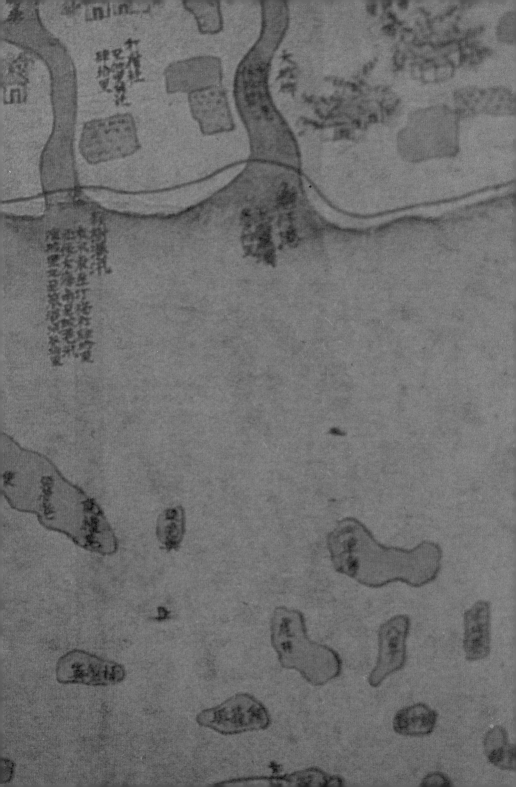

認識台灣，
智慧同長
——寫在《台灣智慧叢刊》之前

▲ 無知的童顏，可知大人
　的信仰世界？

　　在這樣的一個時代裡，什麼樣的東西，才值得你的一愛或者一哭呢？

　　這個時代，總是有太多華麗的故事，太多虛幻的情感、太多的感動和太多的恩怨與愛恨……尤其在許多年輕的生命中，往往只是一個季節的凋零，一堆美麗的詞句，便可交付所有的激情；再不然，便是全力地追逐金錢與物慾的遊戲，沈醉在聲光舞影的歲月中，卻總不肯花一點點的精神，去體會深一點點的情感與現實的面貌。

　　這彷彿就是這時代悲劇的縮影罷！除了夢與激情，便是金錢與物慾；我們隨所慾為的取用這土地上的資源，任意的糟蹋這個海島，卻又有誰真正關心這個海島，認識我們的家園——台灣呢？

●

　　認識台灣，認識我們的家園，真的會是一件很困難的事嗎？

　　不管會？或者不會？什麼樣的答案也許都

▲哥哥，他在幹什麼呢？

不是頂重要的，最重要的是，這世上，恐怕再也找不到第二個會出現同樣問題的地方？

不是嗎？無論是在科技領先的歐美集團，或者是飢荒成災的第三世界，每一塊土地上的人民，對於自己的鄉土，不管是愛或恨，總有一份基礎性的、卻也清清楚楚的認知。

在台灣，由於人文教育的缺乏，我們的年輕朋友有太多的時間，卻只能去體會一棵樹的哀樂；在政治力量主導的教育下，我們有多少青年學生，認識的鄉土是青康藏高原，甚至是密西西比河；許許多多的台灣子弟，背誦的是隋唐五代史，卻永遠無從知道有多少先民，在這島上披荊斬棘……

認識台灣，竟然真的成為許多人最大的困難和疑惑？

面對這樣的事實與現狀，除了感到悲哀和無奈，是不是我們就讓這個時代，就這般無奈地過去呢？或者……

幸好，這一切無知和封閉都將結束了。這些年來，島上無數肯犧牲、願奉獻的人們，踏著過去每個時代先民們堅毅不屈的腳印，不肯停息的打拼與奮鬥，突破了無數禁忌，在這個波瀾壯濶的世代，展現台灣悲壯的歷史、豐富的文化與獨特的美。更重要的是，有更多熱情年輕的朋友們，不願意再那麼輕易地把悲喜交付給華麗的文詞，不肯再沈迷於輕知識的消費文化中，他們辛辛苦苦地剝開一層層的隔閡與疑惑，一點一滴地認識真正跟自己生命相連的文化，並如同吸吮母親的奶水般，吸收著每段歷史的悲歡，吸收著

每塊土地的養份，吸收著每一位先民的風骨與尊嚴……

這必然是一個完全屬於我們的世代，當我們共同爲台灣付出愛與關懷時，所有的希望也將同時展開！

●

一九八九年初，我們創立臺原出版社，推出第一套《協和台灣叢刊》時，那時候只有一個純粹的想法，是希望重建台灣文化的尊嚴，並且把他推向世界舞台。往後，我們陸續推出的叢書中，獲得各界的推崇與讀者熱烈的迴響，十足肯定了我們的想法與做法；更令我們驚訝的是，在所獲得的讀者回函中，最低年齡竟只有十五歲，還只是個國中二年級的年輕朋友啊！這與我們當初規劃，二十五歲至四十五歲的年齡層至少相差十歲，一方面，我們當然自豪能夠開拓出這些仍在成長中的讀者；但同時令我們憂慮的是：由於台灣本土知識性叢書的缺乏，什麼樣的東西可以領導、開發這些剛開始對台灣本土產生興趣的朋友呢？

這樣的前題下，我們開始計劃一套更具普遍性與入門性的台灣知識叢書，這套書裡，我們不要長篇大論，也不希望三句一註、五句一釋，卻要求全部都是眞實的，具有歷史性與知識性的讀物，我們相信，擺脫過去寫論文的舊窠臼，透過這樣完全自由的表現方式，必然可以讓更多有心的朋友，能以最輕鬆、愉快的方式認識台灣，認識這土地上最美的風土、最精緻的文化、最豐富的資源與

▲ 快樂的酷刑，瀟洒躺一下又何妨。

特產……

更重要的是，認識這土地三百年來不屈的歷史與人民堅毅的臉孔，並和他們的智慧一同成長！

您怎能拒絕智慧呢？今天起，就讓《台灣智慧叢刊》和每一位關愛台灣的朋友共同成長吧！

林經甫 勤仲

▲解運收驚，未解已先受驚。

黑白寫，黑白看
——《台灣民俗趣譚》自序

　　「台灣民俗」是一個籠統的名詞，也是一個無底深淵、其大無比的研究大海，題目可長可短，長可長得像老太婆的裹脚布，短也可以短得像妙齡小姐的迷你裙，
端看你喜歡裹還是喜
歡穿，喜歡長還是喜
歡短，因爲「裹脚穿裙
兩相宜，長短胖瘦皆有
韻」，長篇大論有
長篇的價值，
短篇小評也
有短篇的
趣味，讀
讀長篇再看
看短篇，也許會各有收穫！

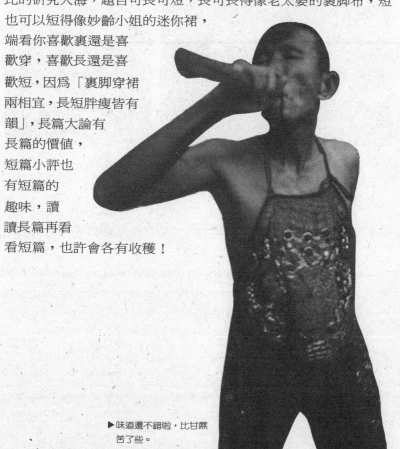

▶味道還不錯啦，比甘蔗
苦了些。

▼拜託，噴酒就好，不要
　嚐門水。

▼拍我這個「皇上」就好，
　不要照到皇車。

　　民俗的範疇，有太多的「看圖說話」，往往只要三兩句話就可以
畫龍點睛來，而專題的大文章中，也藏有許多自成單元的小主題，
寥寥數語，一樣可以使它活裡活現，把這些點點滴滴的現象串連
起來，就有寫不完的小文章，當然從此也成為我寫不完的小作業。

　　《台灣民俗趣譚》就是本著此一原則在找素材，用比較趣味的
筆調，以略帶消遣的反思，介紹並批判民俗的種種，希望由此點
出民俗的可愛、可貴和可嘆；這之中，當然是主觀的，不過，我
已要求自己儘量做到多樣的採樣和宏觀的觀察，目的無他，還是
希望我們的民俗長進！

　　這本集子的初稿，大多發表於《中國時報》寶島版〈民俗記趣〉
專欄，感謝主編湯碧雲小姐的青睞與邀約；也許這是一個開始，
順利的話，民俗會繼續記趣下去，而集子也會三不五時的「趣譚」
一下！我黑白寫，你且黑白看！

趣談民俗事
台灣民俗趣譚

黃文博／著

第四輯／道士篇

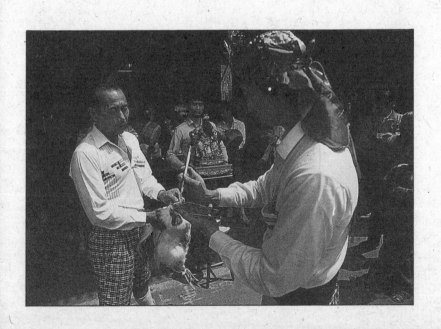

第一輯／

年冬篇

七星橋上煩惱多

「七星驅邪祐平安，法橋步上消百劫。」七星橋是台灣民間信仰中一個辟邪解運的祈安祭儀，說它是一個祭儀，可能勉強了一些，因爲它是通俗信仰中最無儀式味道，但卻最講究儀式排場，也是最無性別、年齡之分的一種儀式，男女都來，老少咸宜，大小通吃。

七星橋全稱應叫「七星橋解運消災大法會」，由其名稱就知道它是一種不夾雜其他宗教功能，純粹爲消災解厄而設計的祭儀。所謂「七星」，指的是「北斗七星」，即「斗魁」的天樞、天璇、天

◀過七星橋有時像在做親子遊戲。

▼七星橋橋面長長，好像
撲滿。

璣、天權、和「斗杓」的玉衡、開陽、搖光等七星。在民間的宗教觀裡,「北斗」是主掌人間的消災和度厄之神,本來是自然星辰崇拜,但神格化的結果,卻變成具有驅邪押煞延壽保命的萬能神明了。

北斗七星的概念是由「五斗星君」而來,即東南西北中五方斗宿,這種「星君思想」,是結合了古代星辰崇拜和天文學演進,並經過道教化而形成的,《封神榜》為集其大成者,並附會了星君神名:①陽明貪狼太星君,鄂順;②陰精巨門元星君,郭宸;③真人祿存真星君,董忠;④玄冥文曲紐星君,比干;⑤丹元廉貞綱星君,黃天祥;⑥北極武曲紀星君,竇榮;⑦天關破軍關星君,蘇全忠。

七星橋多附設在醮典或歲時廟會中,這幾年許多大廟宇更紛紛設在過年期間,主要都是看上觀光人潮,因為人多度人也較多,功德無量啊!不過好像收入也比較多!

七星橋的搭設,形形色色,有繁有簡,各地不盡相同,但多以「橋」為基本架構,台南市安南區土城聖母廟在過年期間搭設的七星橋,大概是台灣目前所見最華麗最講究,場面也最大的一個地方,每年此時,人山人海,應接不暇,經常出現大排長龍的情形。

過橋的方法很簡單,就像玩一場遊戲。先繳費(有五十元、一百元和自由捐獻等多種)領取「解厄紙」和紙人作的「替身」,然後上橋、下橋,下橋後接受道士、「紅頭仔」(法師)、童乩或手轎的作法解運(同時收回解厄紙和替身),最後蓋神印、飲平安茶,

▶汽車平安橋是「小貓鑽
小洞，大貓過大洞」？

一人約三分鐘。

　　也許是「本少利多」——小成本大收入的原因吧，近年來連小
廟小拜拜也都喜歡搭設七星橋普度眾生，有的還別出心裁發明「機
車七星橋」、「汽車七星橋」，並明訂價格，機車兩百元，汽車三百
元，搞得實在有點走火入魔了，還真叫人有「大貓鑽大洞，小貓
鑽小洞」的聯想呢！

　　不過話說回來，有人設陷，就有人會落阱，一個願打，一個願
挨，「信仰錢」就是這麼好賺，誰教我們這個社會這麼多金，也這
麼多煩惱呢？花小錢買平安，好像我們也都不能免俗。

跳佾舞也跳童趣

　　每年教師節各縣市舉行的祭孔大典中，相信大多數人有興趣的，絕不是一板一眼、枯躁嚴肅的釋奠儀式，而是活潑可愛、婆娑有韻的六佾舞；佾舞跳呀跳，文廟跳，武廟也跟著跳，不過六佾舞卻跳成了四佾舞；蘭陽平原上的關帝廟——礁溪協天廟，每年都得在春秋兩季中跳上三次。

　　「佾」的意思就是「行列」，「佾舞」就是一種行列整齊的祭祀舞蹈，按規矩，皇帝太廟用的是八佾舞，諸侯宗廟用的是六佾舞，

▼佾舞舞起了莊嚴，也舞
　起了童趣。

大夫用四佾，士則用二佾，孔子在《史記》中被列為「世家」，後世尊以「諸侯」，所以才有資格祭舞六佾；而民間祭關帝，用的都只大夫之禮的四佾舞，因為關聖帝君只有「侯」格；其實，民間並不一定依規矩辦事，礁溪協天廟之所以「只」跳四佾舞，主要是受制於廟埕場地的限制，因為佾舞是一種方陣舞，六佾要卅六人，四佾也得十六人，能容納十六人在擁擠的祭場中手舞足蹈，已是關老爺三生修來了。

礁溪協天廟由林應獅草創於嘉慶年間，今天是北台灣最重要的關帝廟，春秋兩季是此廟歲時最隆重的祭典，春祭在農曆正月十三日子時，秋祭則在農曆六月廿四日子時和辰時，秋祭之所以多了「上午」一次，恐怕帶有宣傳意味，一般「子時」是民間祀神的「正統」時間，在礁溪此時卻僅為「暖壽」而已。而開始有祭典，應是一九六九年新廟落成以後的事，其間可能受到宜蘭市岳王廟碧霞宮「岳王祭」的影響，因為此廟在五○年代便已發展出四佾舞的祭典了，時間是每年農曆二月十五日。

礁溪協天廟的四佾舞，計有十八位學童，十六位扮演「關家軍」，左手拿「關」字盾牌，右手執「戚」（長柄大斧的古兵器，一般誤為「斧」），成方陣排列，配合三獻禮的各種樂章歌詩，一字一舞，或俯或仰，或張或合，在肅穆的儀典中，亦傳達幾分童趣；而另兩位學童，則各執寶劍立於陣前左右，從頭到尾除了「站衛兵」一種姿勢外，別無其他動作，扮演的是「監督」角色，其實是龍套角色。

基本上，四佾舞應是六佾舞的翻版，所差的，只有人數和舞具，

祭孔的六佾舞，用的是文質彬彬的「籥」（竹笛）和「羽」，表示「文廟」性格；而祭關帝的四佾舞，用的則是威風凜凜的「盾」和「戚」，當然也就象徵那是「武廟」性格了。

　　關家軍在舞盾弄戚虎虎生風之餘，不苟言笑的背後，還是有一份天真，那不是給關老爺的，而是給芸芸眾生的你我的！

▼雖係黑夜，但佾生沒人
　敢趁黑摸魚。

野柳神仙大跳海

　　我們常這樣罵人：「沒用的東西，去跳海！」好像跳海是「人」的專利，其實不然，「神」也很喜歡跳，而且跳得很起勁，跳出癮來了，還定時定點的一年跳一次，跳得水裡翻白浪，魚蝦翻觔斗，每年正月十五元宵節的上午，在台北縣萬里鄉的野柳，便有這麼一項別開生面的盛會！

　　以奇岩異石著稱的野柳，清中葉以前尚是「出沒劫船，海盜盤據」之地，之後漳州人入墾，此地始逐次開發，而被漳州人奉為保護神的「開漳聖王」，也跟著在此「安神立廟」，「保安宮」便是此地的專廟，今天祂也是台灣北海岸的強勢信仰。

　　對依賴行船捕魚維生的野柳人來說，海是他們生活的全部，也是生命的全部，乾淨的海域，豐收的出航，是每戶漁家的宿願，也是最大的心願，因此，借助神力驅淨海域、祈求豐收，也就成為信仰的一環，一百多年來，野柳人把信仰轉化為儀式——一種連神帶轎跳到海裡作法的儀式，全台僅此一家，別無分店。

　　保安宮主辦的這種「跳海」習俗，野柳人稱作「進水」或「落海」，廟裡的主祀和陪祀神明，不分大小都得下水，大家一起來洗澡，計有四頂四轎，分別是①開漳聖王②周倉爺③媽祖④土地公，每頂四轎有五人，四人扛抬，一人敲鑼，有時還另加一人燃香。

　　上午八、九點，請神脫去神袍，被繫在四轎上「關神」，俟「起童」發跳之後，每頂四轎便逐一「噗通」地跳進廟前的海港裡，然後向著一百多公尺的對岸游過去；就這樣游呀游，汜呀汜，人抬著神游，神被人抬著汜，搞不清是人助神還是神渡人，但絕對可以肯定的是，沒頂的是神，喝水的是人！

野柳神仙大跳海◉23

▶人神有志一同，大家做
　夥來跳海。（劉還月／
　攝）
▼上岸後以炮轟轎，可也
　是烘乾？

▶下水後再過火,來個水
　火大戰。

　　上岸之後,人濕神也濕,轎頂滴水,轎底也滴水,這叫做「不
一樣的身份,一樣的效果」;然而,儀式並沒有就此結束,接著四
頂四轎沿街挨家挨戶「炸轎」祈安,接受境民用成串的鞭炮轟炸,
這是「炸寒單爺」的衍化,民間俗信如此能納財迎利,但見人轎
在猛烈的炮陣中,衝呀奔呀!跳呀跑呀!大家都說:「浸過鹹水
的神,較興!」

　　炸過轟過,儀式仍然未完,還得再來個「過炭火」、「安五營」
和遶境,才算完全結束,這真是一場「水火大戰」,當然也是一種
「海陸炮戰」!

　　野柳保安宮的人神「進水」習俗,在宗教學上是一種「洗港」
行為,目的無非是「洗去海港污穢,祈求平安豐收」,但在這之外,
似乎也有驅靈逐亡之意,對不幸溺斃於這片海域的亡魂幽靈,也
算是一種下馬威吧!

　　不過,我們思索的是,這種「下馬威」是開漳聖王的神威?還
是海盜的遺威?

上元乞求狀元燈

　　元宵節也叫上元節，由於此時「年」味尚濃，又是年中「三元」
（上中下）之首，因此許多信仰活動都紛紛在這天舉行，而這天
大抵也是台灣一年中民俗節目最多樣最頻繁的一天，南南北北到
處都有。

　　這天，也是民間認為乞求神物最佳的時刻，因為這是過年之後
最好的節日，在算法上可以當作一年之始，所以許多寺廟便在這
天舉行乞龜或乞綵（八仙綵）的信仰儀式，台南縣佳里鎮金唐殿

◀跪著跋杯，管他求財求
利還是求狀元。

▶陰杯蓋黑圈，笑杯蓋黑
白圈，一杯則蓋白圈。

更有一項別開生面的乞求「狀元燈」活動，創立的時間是在一九
七八年。

「狀元燈」其實是「上元燈」，乞求狀元燈就是乞求上元燈，燈
為宮燈造形，約在兩尺高，有關它的由來，據說有這麼一段故事：
有一年秋夜，金唐殿主任委員吳宗邦夢見有一神祇手掄一盞明
燈，問祂何燈？神祇不語；遂猜是否為天燈？神祇搖手；再問是
否為龍燈，神祇依然搖頭，只說「狀元」二字；乃問難道是狀元
燈嘛？此時只見神祇一直點頭，之後揚塵而去。

翌日，吳宗邦邀請好友談論此事，便商議成立「上元燈慈善會」，
訂購狀元燈任由信徒或非信徒求乞，這個屬於金唐殿的次級團
體，就這樣成立了。

求乞的方式，採「事前登記，求乞跋杯 (bwar³ bwei¹；擲筊)
制」。凡是想求乞的人，都可以在元宵節以前向廟方慈善會登記，
元宵節當天下午在神壇前跋杯決定，由一人「掌杯」，一人唱名，
依登記順序逐一叫出名字，叫一個，跋一個，跋杯結果，將所得
杯數登錄在登記簿上，登錄是用蓋筆管的方式，「聖杯」（一正一
反）者蓋白圈，「陰杯」者蓋黑圈，「笑杯」（仰杯）者蓋黑白圈，
其中僅計算「聖杯」部份，多者得之，每年以廿四盞為主，凡是

◀求得狀元燈，沒有狀元
可當也可以過過乾癮。

乞得者必繳交五千元工本費，此外，依個人能力和誠意再添點油香錢，也許這又是「一條牛剝兩層皮」的另一種解釋，只是這條牛被剝得心甘情願，不亦樂乎！

乞得狀元燈的人，只要點香燒金拜拜後，便可請回，依廟裡的廣告詞，此後就可以「家運昌隆，激勵子弟，力爭進取，有利仕途，士、農、工、商亦皆蒙神庥庇祐，百業大展鴻圖，猶如三百六十行，行行出狀元。」

好一個「三百六十行，行行出狀元」，民間的想像力實在也有夠厲害，竟能把「上元」聯想成「狀元」，並創造出一套祈安的遊戲規則讓大家玩，而大家竟也玩得興高采烈、滿心歡喜。寺廟的經營，在神靈的顯赫之外，似乎也要有聰明的頭腦和新鮮的點子，以及懂得自我宣傳的促銷術。

摸牛鞭牛搶春牛

　　牛是台灣農村的象徵，不但是農業社會的生產工具，也是農業時代的重要財富，雖然牠已從燦爛的農業舞台退了下來，但形影依然與我們長相左右,好吃的牛排不就是牠的「形」？許多含有牛味的俚語，像戇（geron³）牛、土牛、黃牛、黑牛……甚至像「多牛踏無糞」、「慢牛吃濁水」、「牛，牽去台北也是牛」等等，不就是牠的「影」？即使在今天，根本已無實際作用的「春牛圖」，還是被許多人拿來當作歲時的雨水指標！

　　我們對牛都有著一份濃得化不開的感情，所以就用「牛車之旅」、「牽牛犁田」等等所謂的民俗活動，來彌補一下自己失落的童年，也滿足一下自己好奇的成年；台南市安南區土城聖母廟更

▶「摸牛牲，家貨剩億萬？」剩下最多的應是指紋。

◀迎春牛其實就是牽牛夜
　遊。

在過年期間擺設一條紙牛供人「摸摸樂」，讓你身歷其境而有臨場
之感，這個活動叫做「摸春牛」，廟方的廣告詞是：「自古相傳摸
春牛，會帶來大吉大利」，從牛頭到牛尾，無一處不是「寶」，就
像眞牛一樣，處處可用。廟方怕你不識貨，摸了白摸，特地在牛
旁立了塊看板，上面是這樣寫的：

摸牛頭——兒孫會出頭。

摸牛嘴——大富貴。

摸牛脚——家貨吃繪焦（be³ da¹；財產吃不完）。

摸牛尾——剩（tsun⁷）家貨。

摸牛耳——吃百二。

摸牛𡳞（lan²；男性陰部）——家貨剩億萬。

摸春牛——年年有餘。

　來這兒的人，很少不摸一下的，尤其「牛鞭」和「牛鞭丸」，不
管男女老少幾乎人人都要抓一把，「家貨」剩不剩億萬，那倒沒關

▼春牛三鞭未完,「牛鞭」
　已快被手術了。

係,至少可以「摸牛趁暢 (tan² tion³;得到快樂)」一下,我們不都是這樣說的嘛?怪不得此地既亮且滑!

　　這一摸得摸到元宵節才停止,元宵夜由廟方主辦土城地區的「元宵暝迎春牛」活動,這條紙牛是主秀,被裝載到鐵牛車上參加遊街;遊畢,回到廟前,隨即舉行「鞭春牛」,由主任委員手持牛鞭(此處所指乃真牛鞭也)在紙牛身上鞭打三下,表示「大地春回,萬象更新」,然後開始任人「搶春牛」,以求吉利。其實在鐵牛車剛回到廟前時,早已爬滿了要搶的人,尤其「牛鞭」部位至少有十人握住,當第三鞭一落,鐵牛車有如大地震,搶呀擠呀拚呀……搶奪情景狀極可怕,當然囉,每人搶到的都只是一片小紙張而已,至於那條「牛鞭」和兩顆「牛鞭丸」,早已變成「牛鞭散」了!

　　春牛,從摸牠、迎牠到鞭牠、搶牠,都充滿著人間最愛的平安主義,在充分利用之餘,最後都被我們搶光了,想想,這不正是我們對牛的態度嘛?

摸牛鞭牛搶春牛◉31

嘉南陽春賽笭鴿

陽春三月，清風和煦，嘉南的大地，一片翠綠，此地一年一度的「笭（lion[7]）鴿」大賽，此時正如火如荼的展開著……

「笭鴿」賽是嘉南農村傳統的休閒活動，這是一種讓鴿子揹著竹笭飛翔的比賽。比賽的「笭」由「臭樹仔」雕鑿成中空，外糊木皮而成，上頭有缺口，鴿子揹著飛翔會發出「嗡嗡」之聲，造形奇特且相當優美，目前市價一個約在千元上下。

鴿子在嘉南地區叫「紅腳」，因為牠的腳是紅色的，此地比賽用的全是體大肩闊的「茱鴿」，這和「過關賽」用的信鴿不同，大抵要養一年才有本錢參賽，為要讓每隻「選腳」都夠資本，這一年養得可是呵護有加、極盡所能，三餐噓寒問暖不說，三不五時還得餵餵補品、灌灌補湯，照顧可真是無微不至，事鴿至「孝」。

比賽的方法，採村庄對村庄的對抗方式，通常以一百粒「紅腳笭」為準，兩天算一回合，每回合逐次增加重量，大體是這樣：兩庄先抽籤決定比賽順序，如甲先乙後，第一天，甲庄鴿友載其鴿子前往乙庄，此時的乙庄鴿友已備妥一百粒「紅腳笭」侍候，然後甲庄人員開始「揹紅腳笭」，讓自己的鴿子飛回家去，只要飛過兩村的中界線，便算成功，其間，不管飛幾趟，在中午十二點以前必須把一百粒的「紅腳笭」全部揹完，這才算「過關」。

第二天，乙庄鴿友也載其鴿子到甲庄，也在中午十二點以前，把甲庄備妥的「紅腳笭」悉數揹回去，這樣一來一往就是第一回合，接下來才進入第二回合；第二回合時，抽掉數粒（各庄不同，通常以四粒為多）較小的，補進較大的，由最小尺寸逐次增加，如此一回賽過一回，從五寸左右的開始淘汰，到決賽時都已達九

▶擲飛得看技巧，一擲不
好就會栽飛機。
▼鴿笭排開，各算各的，
計較無比。

◀掀雞籠的笭鴿賽，飛得
辛苦，看得起勁。

寸八，九寸八的「紅脚笭」多大呢？和鴿子的體型一樣大小而已，
鴿子揹它飛在半空中，就像飛機遇到亂流一樣，忽上忽下，忽左
忽右，有時候還會「忽忽」的墜下地來。

　掉下來的鴿子，如果被「別人」抓到，便算「死掉」，也就是淘
汰出局，這裡所謂的「別人」是指本庄以外的任何人，包括過路
人，只要鴿子在中界以前「迫降」，不管屋頂還是馬路上，在場的
任何人都可以用任何方法去抓，抓到就是你的（有些村庄會用錢
贖回，然後賽後拍賣），只是「紅脚笭」必須原封無損的歸還鴿主，
不得稍有破損，如果搞壞了，得按市價賠償。

　決勝的關鍵就在這裡，當有一方的鴿子「死掉」太多，無法悉
數揹回所有的「紅脚笭」時，就得豎白旗投降了！

　從農曆二月下旬到三月底，只要不是下雨、颱風或落霧，中央
（十九號）公路台南縣段的兩旁村庄，天天都有比賽，時間從八、
九點開始，中午前結束，目前仍有三、四十個村庄相互對抗著，
提供較激烈的三組供參考：

鹽水鎮歡雅里尾寮————鹽水鎮歡雅里番仔寮

鹽水鎮大豐里大埔————學甲鎮平西里西平寮

學甲鎮頂洲里頂洲————學甲鎮紅茄里紅茄定

媽祖踩炮炸屁股

　　「三月猾（siau¹；瘋）媽祖」，向來是台灣民間最重要的信仰活動，包括「大甲媽祖」在內，各地也許都僅止於「鬧熱」而已，並非真的「猾」，真的稱得上是「猾」的，唯雲林縣北港朝天宮一廟，因為此廟每年農曆三月十九至二十日舉行的「迎媽祖」遶境廟會中，有一項全台獨一無二的特有習俗——踩炮。

　　北港朝天宮之所以選定三月十九日舉行遶境，主要此日是樹璧和尚奉請媽祖來台的登陸紀念日（一六九四年）；這之後，雖每年

▶北港朝天宮是全台香火
最鼎盛的媽祖廟。

都渡海前往湄洲朝天閣進香謁祖，但總會在三月十九日返回笨港，並舉行遶境；台灣割日後，謁祖受阻，雖不再渡海進香，但遶境迎媽祖則被傳承了下來，並擴大爲兩天的廟會活動。

朝天宮的兩日迎媽祖遶境，第一天的上午是「南巡」，遊行南港一帶；第二天的上午爲「北巡」，遶行新街地區；而每天的下午和夜間，則出巡北港鎮內的大街小巷。遶境展開時，最引人注目的是藝閣，每年都在二十來閣，大致是台地同型廟會場面最爲盛大者，但這並不是主要的特色，此地最特殊的名堂是踩炮和炸轎。

每當神轎一出現，虔誠的商家住戶，便會用整包的排炮堆在轎下，然後來個「炮」聲雷動，震耳欲聾，一道火光接著一道白煙立即由轎底竄升，霎時，煙霧迷漫，硝味撲鼻，神轎和轎伕如遁入五里霧中，神轎「踩炮」的結果，當然就是「炸轎」；幾乎三兩步便得被炸一次，炸得神轎離離落落，炸得轎伕灰頭土臉，從虎爺轎、六媽轎、五媽轎、四媽轎一直炸到三媽轎、二媽轎、祖媽轎，尤其俗稱「武轎」而最會「吃炮」的虎爺轎和六媽轎，更是「體無完膚」，一九八六年，這兩頂神轎就曾被「太子牌電光炮」炸毀了轎底，結果聽說虎爺跳上了屋頂，六媽跌坐在地上。

最初只爲了捧媽祖的場，放放鞭炮製造熱鬧氣氛的北港迎媽祖，沒想到後來卻發展成「鞭炮施放愈多，媽祖降福愈多」的習俗來，每年這兩天的北港，如在砲戰中，晝夜轟轟作響，據統計，施放的鞭炮，至少也有五卡車。

這麼炸，不危險嘛？當然危險，一九七四年便曾炸死了一位五歲女童翁淑貞，一九七五年也炸死了一位義消副分隊長陳清標，

▶炸轎當然也炸人,「體無完膚」是常有之事。

▼媽祖轎炸屁股,人爽神舒服?

這之後幾乎年年有人被炸傷,轎子被炸壞;雖然朝天宮年年宣導年年禁止,但禁者自禁,炸者自炸,踩炮和炸轎似乎已在此地蔚成風氣了,北港人好像也喜歡看媽祖的屁股開花。

這些年,朝天宮也學聰明了,既然禁止不了,乾脆來個棄卒保帥,什麼都去炸,就是不能炸「祖媽轎」;祖媽轎是保住了,可是有道光有同治年間製造的其他媽祖轎呢?看來只好多偏勞轎伕了,躲炮之餘,不要忘了順便把「零件」撿回來。

一年三看籃筐會

　　說趕集看趕集，牛墟是趕集，夜市仔也是趕集，趕南趕北，就從沒有比阿公店的「籃筐會」趕得大，趕得多！

　　「阿公店」是高雄縣岡山鎮的舊稱，一年三次的「籃筐會」，自清中葉以降從未間斷，交易方式雖早已由初期的以物易物變成今天的「現金交關」，但卻不影響它的趕集趣味，反而因此更造就了百貨雜陳的爭奇鬥艷與車水馬龍的熱絡景象。

　　將近兩千個攤位，夠熱絡了吧！之所以有今天的盛況，那是有一段壯烈的歷史……

　　相傳清初岡山多賊，出沒無常，後爲官兵圍剿，誅戮殆盡，但殘衆反撲，趁移防之際圍攻斷援，兩百餘官兵終彈盡援絕全部捐軀；岡山居民悲憤之餘，遂編竹器攜身以示感念。這一編，最後「編」出了竹器市場，更「編」出了「籃筐會」。

　　故事是悲壯了些，但這毋寧不是附會之說，因爲趕集的發生，多和廟會有關，岡山「籃筐會」一年三次便都是當地廟會日，這三次的時間分別是：

①農曆三月廿三日，媽祖生，壽天宮廟會。

②農曆八月十四日，土地公生。

③農曆九月十五日，義民爺生，義民廟祭典。

　　今天，岡山「籃筐會」早已不是初期竹籃、竹筐等竹器市場的交易日而已，它還大量地吸收了現代化產品，諸如：塑膠用品、電器音響、成衣布料、花卉盆栽……甚至專治跌打損傷的萬能藥膏，也都來此湊熱鬧，至於冷熱食飲，那就更不用說了。

　　以民俗角度看岡山「籃筐會」，它不但量變，而且也早已質變了，

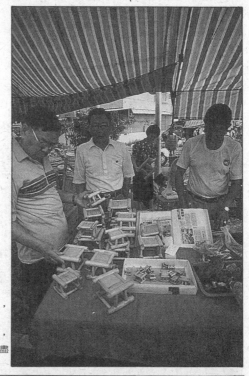

▶燕巢竹藝好手林聰旗，
　年年皆來擺攤。

▼岡山籃筐會一年三次，
　現代、傳統貨品應有盡
　有。

即使只是會場，光復之後就換了三個地方，初期是在壽天路，一九六〇年前後易為中山公園，一九八〇年再遷至今址河華路，不遷則已，愈遷場面愈大，貨品愈多樣，但也愈來愈擁擠了，也許這就是：趕集趕集，愈趕愈擠吧！

　　儘管如此，岡山「籃筐會」可看性依然很高，場面盛大不說，光零星散佈於其中的傳統器物攤位，如竹器、鐵器、漁具、農具、古董、藥材和各種手工藝等等，就叫人大開眼界了，看這些攤位等於在尋寶，偶拾一兩件，那就更值來回票價了！

　　一百七十餘年來，岡山「籃筐會」「框」住了阿公店的一段段歷史，「框」住了南奔北跑的一群群趕集人，當然囉，它也「框」住了花花綠綠的一串串孔方兄！

阿立祖的怪尿壺

　　「阿立祖」是西拉雅系平埔族人特有的保護神，相傳是指引平埔族先人平安登陸的神祇，雖然今天平埔族已全部漢化，但他們的村庄仍有供祀阿立祖的專廟——公廨（gon³ gai²），此地也是平埔人的信仰中心，每年定時舉行平埔風味的祭典，像九月初四、五的東河，十月十四、五的頭社（皆在台南縣境），便是主要代表者，可能也是「平埔祭」僅剩的兩地，一般把這個時節的祭典稱作「豐年祭」，而春天舉行的則叫「祈年祭」，目前有此活動的，大概只台南縣佳里鎮北頭洋一地。

　　佳里舊稱「蕭壠」（siau² lang⁵），是平埔族西拉雅系四大社之

▶阿立祖是平埔族西拉雅系的特有神祇。

▼中間的祀壺就是會保祐
　生男的那支。

一的「蕭壠社」的故地（另三社為：新港社、麻豆社、目加溜灣
社），鎮郊的番仔寮和北頭洋一帶，是今天還能見到的盤據遺跡之
一，公廨叫「立長宮」，當有「阿立祖長期駐此」之意，廟貌一如
土地公祠，很難從其外觀看出異樣，但已故文獻前輩吳新榮醫師
的一副門聯，就點出了她的身份：「一口檳榔祭阿立祖，千壺醇
酒念先住民」。

公廨內的陳設，和大多數的「平埔仔廟」一樣，沒有神像，只
有一塊刻有「阿立祖」三字的大理石神位，最奇特的是，案桌上
擺放二十來粒的石頭和近三十支的壺瓶，這些都是阿立祖的象徵
物，石頭是給小孩拜契阿立祖為父時擦頭用的，壺瓶就是「祀壺」，
俗稱「阿立矸（gan¹）仔」，全部是庄民奉獻的，其中最奇怪也是
最有趣的一支是「放尿的那支」。

北頭洋的祭典日是農曆三月廿九日，此地的祭典已無任何形
式，僅剩一般拜拜，只是供品還是異於漢人的祭品，用的是阿立

▼檳榔、米酒至今依然是
阿立祖的最愛。

祖最喜歡的粽子、檳榔和米酒，而且不點香不燒金，以投其清靜
本性。祭拜時，粽子擺放外頭，檳榔撒於案桌，然後用米酒滴灑
在檳榔上，就這樣孝敬阿立祖；看來，每人都這樣來一下，阿立
祖不喝醉也得薰醉。

　　灑過米酒完成祭拜後，村婦老嫗必攜瓶盛裝阿立祖的符水回家
喝平安，而放符水的茶壺，是一支相當漂亮的龍紋壺，壺口造形
極像小男生的生殖器，爐主把水倒進龍紋壺內後，「符水」便由這
支生殖器的壺口噴出來，如同小男生尿尿，婦女們就在壺口下接
「尿」回家，聽說新娘喝了「百發百中」，這可是「生男祕方」外
一章！

　　這支這麼名貴這麼神奇的「尿壺」，可是立長宮的鎮宮之寶，平
時由爐主保管，是不輕易給人家看的（要用，那就更免談），廿九
日這天才拿出來「獻寶」一番，所以爭相使用的激烈狀，當然也
就不在話下了！

阿
立
祖
的
怪
尿
壺

來喝佛陀洗澡水

　　農曆四月初八是佛教教「祖」釋迦牟尼佛的誕生日，各地佛子佛孫都會在這天為祂舉行淋浴洗身的慶生會，佛界稱「佛生會」或「浴佛會」，較通俗叫法是「浴佛節」，而這種為佛洗澡的儀式，則叫「灌佛」或「洗佛」。

　　相傳佛陀誕生時，一手指天一手指地，意思是說「天上天下唯我獨尊」，其時天上並降九龍吐血為其沐浴，這就是浴佛節的由來，而這般怪姿勢，也成為後來洗佛之時最佳的佛陀造形。

　　佛寺的浴佛節多在正殿舉行，較講究者尚設浴佛亭，此亭通常不大，為一座兩尺見方的木造中空亭子，四周飾滿淡香的蘭花，亭內則放置金盆一個，中央安立一尊銅色的佛陀嬰童造像，作一

◀紅包是送給佛陀慶生的，當然也是送給寺方作油香錢的。

▼帶瓶佛陀的洗澡水回家
　喝平安。

手指天一手指地狀，其旁另置兩支湯匙，一長一短，長者爲洗佛之用，短者則爲舀茶回家飲食之用。

浴佛節爲佛沐浴並不限於寺方僧尼，凡在家居士或一般善信等佛教徒皆可前來湊熱鬧；不過，浴佛之前的誦唸「金剛經」，卻只准僧尼參加，其實也非僧尼不可，畢竟這是一項專業工作；唸完經後才開始洗佛。

洗佛時必用「淨水」，這種淨水其實是甘草茶，由甘草、桂枝和薄荷所煮成，寺方在初七以前就得燒妥備用，可供洗佛，也可以帶回飲用。

說來洗佛非常簡單，這只是一種象徵儀式，任誰都會「玩」。洗佛時，先上香和包紅包，以示禱神和慶生之意。各佛寺都怕信徒「忘記」，所以在桌旁都放了好些紅包袋，以善盡出家人「給人方便」之職，不過話說回來，這也是佛寺的一種「收入」，送給佛陀不就等於送給佛寺？這和咱們過年過節包紅包給小孩等於包給大人不也一樣？

之後，用長匙舀起盆內預放的甘草茶，畢恭畢敬、慢慢的由頭部淋下，一連三次，最後徒手一拜即浴佛告成。洗佛後，可當場盛杯飲用，也可以裝瓶帶回全家享用，台南縣白河鎮關仔嶺的大仙寺，設想更週到，在簷下另置數桶甘草茶，無限制的供民眾裝瓶攜回，出家人嘛，有容乃大！

近年來，佛界因應工商社會，好些地方已將佛誕四月初八的農曆易爲國曆，目的是讓更多人牢記和參與，做得最徹底的是雲林縣斗六、虎尾、西螺、北港和斗南等五地的佛教團體，一地一年，

▼舀起香茶淋浴三次，洗
　佛陀的身，也洗自己的
　心。

輪流舉辦，頗有盛況，慶生亦度人！

　　浴佛節是佛教最民間化的一種節慶，人人皆可參與，人人皆能
參與，這就是它之所以能長盛不衰之因！至於甘草茶嘛，雖是佛
陀的洗澡水，但飲來卻別具芳味，也許大家早已這麼認為：管他
什麼水什麼茶，只要好喝就是好茶！

來喝佛陀洗澡水◎47

東石龍船拖回家

「五月五，龍船鼓，滿街路……」端午一到，台灣從北到南，從西到東，各地都興起了一片「龍船熱」，像台北新店溪、礁溪二龍溪、鹿港福鹿溪、台南市運河、高雄仁愛河、屏東東港溪……可都是「熱」得「龍船水裡跑，魚蝦拚命逃」、「水裡船碰船，岸上人擠人」，台灣三大節的名號，可不是浪得虛名的！

從清乾隆廿九（一七六四）年台灣知府蔣元樞在台灣府城法華寺半月池首創龍船比賽開始，台灣的划龍船習俗，便被留傳且繁衍了下來；不過，各地所見，「扒龍船」地點不是在溪河就是在池潭，就是今天，還是以這兩個「水域」為主，比較特殊的是在漁港內舉行，台灣有兩地，一在高雄縣林園鄉的「中芸漁港」，一在嘉義縣東石鄉的「東石漁港」，兩地的歷史都不長，林園鄉在一九九○年第一次舉行，東石鄉則稍早，首創的時間大致在一九八三年間，這應該也是台灣地區第一個在港口內舉行龍船賽的鄉鎮了。

東石鄉位在朴子溪出海口，住民大多依海維生，捕魚、養蚵是此地的經濟命脈，居民口中「新港」的東石漁港，就在庄西海埔新生地的西南側，這也是每年龍船賽的競技場。

最早，東石是沒有龍船賽這項民俗活動的，不過，此地漁民向來有「端午撐筏遊朴子溪」的風裕，每屆五月初五，漁民就自組竹筏船隊，敲鑼打鼓放鞭炮的遶行朴子溪一番，每年都在二十艘左右，像一九九○年，龍船賽後的農曆閏五月初五，便又「組船隊遊溪」的二度慶端午，在台灣恐怕少見。

以民俗的分類來說，東石這項「竹筏遊溪」，應屬「洗江驅邪」

▶東石龍舟賽的最大賣點
　是在東石港競技。
▼來是一條龍，去是一條
　蟲，不這樣，恐怕再也
　沒力氣划回去了。

的遺意，今天許多龍船賽的地方，依然保存這項古俗，在端午之前或當日上午舉行，甚有光有這項儀式而已無龍船賽的地方的，如苗栗縣竹南鎮中港地區便是。

東石港龍船賽的發起人據說是黃建，今天主導的則是鄉公所和先天宮，比賽的形式和方法，和其他地區並無不同，所不同的，她是在風平浪靜又寬廣遼闊的漁港內舉行，划起槳來，浪白天藍，傲美壯麗，搭配著色彩豐富的人與船，和五顏六色的中界線，在力與美之外，自能教人賞心悅目、心曠神怡，也許還有一份海闊天空的舒暢之感呢！

此地龍船賽每隊十九人，划槳十六人平分兩排，前面是奪標者和擊鼓者，後面則爲掌舵者，然不管怎麼掌舵，各隊的共同特徵都是：生龍活虎自划來，聲嘶力竭被拖去──被快艇拖回去！

再勇猛的冠軍隊也不例外。

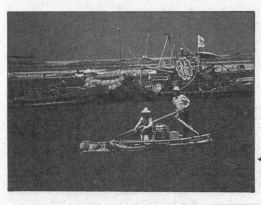

◀東石龍舟賽仍可見竹筏巡江的影子，今天它是救生艇。

午時取水豎雞蛋

　　五月，台灣已是炎炎夏日，雖然端午一到，「五月五，龍船渡」，但划得起水波，卻划不來風波，火焰的太陽，有時熱得會毒死人，所以民間把這個月份視作「毒月」，而逢五、六、七的這九天，則叫「九毒日」，五月初五端午這天，正是九毒日之首，也是一年中陽極的開始，人們在怕熱怕毒之餘，便想出了許多剋制之道，像掛菖蒲、懸艾草、繫香包、飲雄黃酒、沐雄黃浴等等；而在剋制之餘又來個「否極哲學」，既是端「午」，就藉「午」大作文章一

▼只要有耐心，不要說豎
　雞蛋，駝鳥蛋都不會有
　問題。

番，像午時取水、午時游泳、午時吃西瓜，午時採藥草，外加午時豎雞蛋、午時豎硬幣……

午時正是太陽直射大地的時辰，因應天時地「氣」，民間相傳此時汲取的「午時水」，能久藏不壞，可解熱治病，甚至午時的一草一藥、一果一物，都可以當仙丹妙藥，請看：

洗臉／洗午時水，無肥亦婿（sui²；漂亮）！

洗眼／午時洗目睭（jiu¹；眼睛），明駕（ga¹；到）若烏鶖！

飲水／午時水飲一嘴，較好補藥吃三年！

游泳／午時來泅水（游水），閻王無看見（聽說鬼門關在端午這天上了鎖）！

吃西瓜／午時吃西瓜，消毒清腹火！

採藥草／午時採藥草，能治雜症頭！

名堂很多，但說的道理只有一個，那就是：午時，有效！

到底有沒有效？中部的朋友請到台中縣大甲鎮鐵砧山的「劍井」，南部的則到台南縣佳里鎮的金唐殿一探究竟，就知道它的神奇了！

神奇神奇，午時水神奇，豎雞蛋、豎硬幣更神奇！

自古相傳雞蛋、硬幣只在端午中午才豎得起來，每屆此時，大人小孩、男人女人，大家一樣玩具，紛紛玩起這項遊戲，豎立的不少，但倒下的也不計其數，不過，不管怎麼豎、怎麼倒，大家還是會異口同聲的讚嘆：果然神奇！

怎麼如此神奇？有人說和太陽有關，有人說和地球有關，也有人說和地心引力有關，更有人說和……

其實，應該都無關；其實，一點也不神奇。

端午可以豎得起雞蛋，可以豎得起硬幣，其他時間也可以豎得起來，不但中午可以，早上、半夜也都沒有問題，不信你就馬上動動手，做做遊戲！

豎雞蛋，豎硬幣都只是一種應景民俗，「午時水」自無例外，因為「媠的，無洗也媠；肥的，洗了還是肥！」

▼喝午時水就會「媠」？說
不定反而會「肥」。

替身解運送草人

　　稻草是農人稻收的最後剩餘價值物，近年來似乎只剩堆肥一用而已，要是在早年，那用途可多了，從蓋屋、門扇到當柴火，從畜棚、魚塭到作手藝，樣樣可用，鄉下人家更用它舖地給豬當產房，也許你不相信，生小孩也用得上，筆者小時候就曾幫表嫂舖過稻草當產房的，因為那時候本地都還流行「產婆」到家接生，稻草舖在地上既安全又有彈性，至於有沒有衛生？土法煉鋼只好將就點了！不過好像也沒聽過誰水土不服了？問過家母，她說：你們五個兄弟姊妹還不是這樣生下來的！

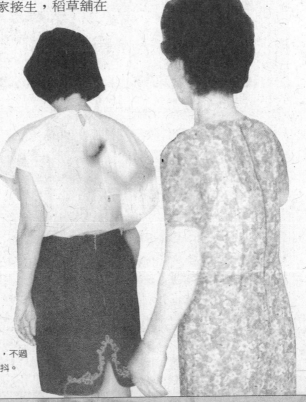

▶草人一解解千愁，不過手可先得解到發抖。

▼送走草人也就送走了惡
運。

　　也許稻草眞的這麼好用，在台灣民間信仰的範疇裡，也被廣泛的應用著，「草人」便是最通俗的一種。

　　草人多用在民間信仰的各種祭儀中，一般都作「替身」之用，詛咒別人就把草人當作他，聽說作法後刺割草人，會叫對方痛不欲生，許多神怪故事的小說、電影、電視劇，不都是這樣描寫著？但這都只是傳說、戲劇而已，誰也沒親眼看過，我們只能存疑。倒是民間所見，都是把草人當作自己的替身，稱「本命元神」，請來靈媒人物主持解運法事，爲自己驅邪除穢，淸掃霉運，這些今日以前的邪穢、霉氣之物，便由草人「吸收」，祭後予以焚燒，民間相信此後生命可以更新，前途就會無量！

　　一般所見，草人多在一尺以內，而且也多個別式的，一九九〇年端午過後，筆者曾在台南縣將軍鄉馬沙溝採集到一個全庄一起

▶鐵牛車載草人和牛車載
稻草相差在那裡呢？

做，草人同一規格的「送草人」祭儀，算是較為特殊的一個信仰
現象。

馬沙溝是個漁村，庄頭廟叫「李聖宮」，主祀李靖將軍，五月初
李將軍的童乩「起童」指示：近來，出海無魚，魚塭欠收，庄弱
人衰，所以，各備草人，大小解運，祈求平安。

於是，庄內各家各戶便依神示，用兩百零八支的稻草，編紮成
一尺六高度的草人，全台大概沒見過這麼統一而且標準化的草
人，不但如此，十四日解運當天，規定各家自理，男的「解」七
十七下，女的「解」卅七下，所謂「解」是用草人在身體上下來
回「擦」，這一擦，也擦得大家不亦樂乎，想想，要是十口之家，
那不擦得頭昏眼花？不過，大家都擦得有趣極了，而且一下也不
敢少，由此可見，神的指示真的比政府的政令還厲害！

解畢，各家將草人送至廟前鐵牛車上，然後由童乩押解至河邊
焚燒火化，表示惡運已去，新運降臨！

「燒」了草人，也送走了昨日的我，等於自我作了一番「反省」，
也許這是一個開始，一個重新認識生命的開始；但如果只知道燒
「草」而不知道燒「人」的話，那前途還是會無亮的！

金湖六月牽水轙

　　「轙」（tzn[7]），對大多數的人而言，可能很陌生，這是一種超度亡魂的紙糊祭物，圓柱體形，上下中空，約在成人胸高，有「血轙」和「水轙」兩類，血轙是專爲超度難產而死掉的婦人之用，外表糊貼紅色紙張，台灣僅新竹市南星宮有此祭儀，時間在每年農曆七月十二日普度時；水轙則專爲超度溺水者而設，外表呈白灰色，目前尚按時舉行的，至少有兩地，都在雲林縣口湖鄉，一在台子村蚶仔寮，一在金湖港，時間是每年農曆六月初八。

　　以轙超度亡魂叫「牽轙」，新竹市南星宮的「牽血轙」約在二十

◀排轙是一種形式，還是一種文化？

▶牽起水轙也牽起一段心
酸往事。

座,場面不大,較壯觀的是雲林縣口湖鄉的「牽水轙」,蚶仔寮大
約七百座,金湖港則達四千座,把奉祀「萬善爺」的庄頭廟「萬
善爺廟」的廟埕,排得滿滿的,連進村庄的馬路兩旁,也豎立了
滿地,舉目皆是,大概是台地這類習俗最盛大者,這也代表著此
地曾經發生動天地、泣鬼神的驚人溺水事件,這個事件就是道光
廿五(一八四五)年陰曆六月初七夜晚的「大海嘯」。

依《台灣通誌》〈水利篇〉的資料,這次水災,「大雨連宵,颶
風間作,淹斃居民三千餘人」,受災村庄包括蝦仔寮、竹達寮、箔
仔寮、舊新港,幾乎全庄覆沒;災後,屍橫遍野,民力瓦解,最
後由官兵收屍,分散埋葬於廣溝厝、三姓寮、青蚶村和蚶仔寮等
四處,至今仍見遺跡。

大約由咸豐元(一八五一)年起,散居各地的倖存居民,在蚶
仔寮建廟祭拜先人,開始舉行牽水轙的超度儀式,一九五七年遷
徙到港東、港西兩村的金湖港居民,因每年至蚶仔寮祭祀不便,
所以便分香另在港東村興建「萬善爺廟」,由於廟大人興,此地香
火和牽水轙場面,便勝過了蚶仔寮的母廟,成為全台冠軍。

牽水轙的儀式,在初八上午庄民排放水轙後開始,由道士團主
持,整個儀式一如喪葬中的「做功果」,有誦經有獻敬也有「走赦

▼以「草龍」驅趕頑魂，
這叫做「請魂容易送魂
難」。

馬」，另有放水燈；其間並舉行「起轙」儀式，這是一個超度落水亡魂的祭儀，也表示由此時開始，庄民可以「牽」水轙了。

傳統的「牽」法是旋轉轙架，讓「祂」隨轉而浮出水面，據說此時會有些許重量，意寓亡魂被超度了；不過，金湖港的水轙實在太多了，又因紙輕風大，所以都用繩子串連固定，轙轙相接，排排而立，根本無法轉動，其實這麼多也沒時間一一轉動，能夠每個都摸一下也就不錯了！

傍晚時分，道士舉行「倒轙」，用草蓆逐一打破水轙，表示超度完成；不過，倒轙之前，此地的孩童已先舉行過了，他們用的不是草蓆，而是雙腳──大人摸得不亦樂乎，小孩也踢得不亦樂乎！

契子契孫契神明

你應該聽過「神明收契子」這件事吧！

台灣民間有這麼一種習俗，凡嬰童體弱多病、多災多難，歹飼難育，為人父母者（尤其三代同堂的家庭），便利用神明生時，帶此嬰童到廟裡給祂當「契子」，祈求神明護身庇祐，民間咸信「契爸爸」一定不會棄「契寶寶」於不顧的！

這般習俗，學術上稱作「契神信仰」，在台灣頗為流行，到處皆

▼契子契孫一起來拜契父。

▼契樹王公為父，目的是
　祈求也像祂一樣——又
　高又壯。

有，場面最盛大的，大概要數台南縣關廟鄉的山西宮了，每年農曆六月廿四日廟裡廟外盡是跑來跑去、追上追下的小孩，聽說關帝爺的新契子老契子已累積到兩千多名了！

大體而言，契神信仰的對象，並不限於某一神明，關公有之，王爺有之，城隍亦有之；虎爺有之，石頭公有之，樹王公更有之，端看嬰童的「症頭」嚴不嚴重，一般性的找找關公、王爺也就夠了，要是麻煩一些的，便非拜石頭公、樹王公不可了，因為奇怪的爸爸才夠法力驅趕奇怪的「症頭」！也許這就是以毒攻毒吧！

民間所見，契神都得立下一張「契書」，有叫「立誼書」，也有稱「誼子契證」的，「誼」就是「義」，這套手續如同買賣一樣，都是怕雙方「恐口無憑，故立誼書」的，裡頭大意是說弟子某某之子（女）「自幼運途未通，身體不順，致遭偃蹇，因此求將小兒（女）拜契」某某神，請祂「慈悲收為誼子（女），從此以後懇求庇祐身體康泰，四時無災，八節有賴」，等長大成人一定「敬備三牲酒醴，報答鴻恩」等等之語，好像言明雙方的義務與權利一樣。

「天下沒有白吃的午飯」，契神是要錢的，目前較統一的價格是兩百元，廟方說這是登記費，其實應叫做保護費，這和保全公司似有異曲同工之妙，收了費才有保護！

拜契之後，每年凡逢神誕這天，所有的契子契女都必須回廟給契爸爸做生日，拜拜之餘順便繳交年保護費，父母繳得心甘情願，廟方收得興高采烈，而這些契子契女也玩得不亦樂乎！

因契書曾立有「長大成人後，報答鴻恩」的約定，所以結婚前日，男的多會舉行「謝神拜天公」，藉以感謝契神的照顧，這是民

間大禮，而接下來的結婚拜天地更是大禮，因為自己又「契」了一位隨身照顧的保護神，不過，她，不叫「契爸爸」，而叫「管家婆」！

只是管家婆生了孩子，又得前去契神時，就不知道要叫「契子」還是「契孫」了？

▼以石擦頭，希望「頭殼定康康」，跟水泥塊一樣？

出丁分粿度中秋

中秋節這天，大多數的人都在「猺（siau¹；瘋）月光」，尤其戀愛中的男男女女，總會為秋高氣爽的台灣，帶來一股節慶的熱鬧氣氛，只是這股熱鬧氣氛是屬於年輕人的；不過，高雄市左營地區有一項很溫馨的「分粿」習俗，同樣也在中秋這天鬧熱滾滾，它倒是屬於「囝仔人」的。

提起「分粿」習俗，時下戀愛中的男男女女，認識的恐怕不多，可是大家小時候卻可能被「分過」，將來結婚生「子」，可能也要去「分」，這是台灣傳統農村社會留下來的「度晬（do³ tze³）禮」，也就是「週歲禮」。

農業社會靠的是勞力，勞力就是財富，所以每個家庭都希望「出丁」（生男孩子），一有「出丁」便大肆慶賀，最重要的日子就是滿週歲的「做度晬」。

各地的「度晬禮」也許不盡相同，但分送一些小吃給前來祝賀的親朋好友、左右鄰居，則是共同的作法，一般叫「睍（hying³）餅（粿）」，也就是分餅（粿）；其實，分送的不只是喜氣而已，還有溫厚的人情。

雖然工商社會的巨輪，輾跨了農業社會的腳步，許多傳統的「度晬禮」，都因聚落環境的改變而日漸式微，不過，至少仍有三地，依然盛大舉行，除了元宵節的台中縣東勢鎮街上、正月廿日的台南縣永康鄉西勢村廣興宮外，左營埤仔頭鎮福社的「分粿」，該也是一個可觀之地。

左營鎮福社位在一級古蹟「拱辰門」（北門）附近，此門有全台唯一的一對泥塑門神，古拙淡雅，簡樸優美，此社即為台地唯一

▼廟方賞給小孩的紅包，
　繫在身上祈求快快長
　大。

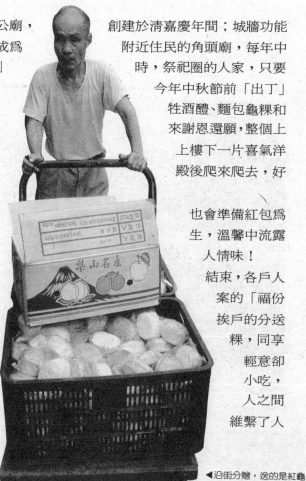

掌管城門的土地公廟，　　　創建於清嘉慶年間；城牆功能
瓦解後，此社便成為　　　　附近住民的角頭廟，每年中
秋節「土地公生」　　　　　時，祭祀圈的人家，只要
去年中秋節後到　　　　　　今年中秋節前「出丁」
的，都會準備三　　　　　　牲酒醴、麵包龜粿和
帶著新生兒前　　　　　　　來謝恩還願，整個上
午，鎮福社樓　　　　　　　上樓下一片喜氣洋
洋，囝仔殿前　　　　　　　殿後爬來爬去，好
不熱鬧！

這天，廟方　　　　　　　　也會準備紅包為
這些新生命慶　　　　　　　生，溫馨中流露
出一股濃濃的　　　　　　　人情味！
午后，祭祀　　　　　　　　結束，各戶人
家便依登記有　　　　　　　案的「福份
名冊」，挨家　　　　　　　挨戶的分送
麵包或紅龜　　　　　　　　粿，同享
喜氣，禮雖　　　　　　　　輕意卻
重；而這點　　　　　　　　小吃，
拉近了人與　　　　　　　　人之間
的距離，也　　　　　　　　維繫了人
與廟或人與
神之間的關
係，更延續

◀沿街分贈，送的是紅龜
蛋糕，也是喜悅福氣。

出丁分粿度中秋⊙67

▼道士淨宴作法，小廟仍
　有大禮節。

了人與傳統之間的情感。

　　許多戀愛中的男女，往往定情於中秋夜，「月」下老人紅線一拉，
不久之後，年輕人就會帶著「囝仔人」共渡中秋佳節了！

尪姨嚎海慰亡靈

　　盤據在台南縣境的平埔族西拉雅系，是當今台灣尚存平埔祭典的族群，總計有四社，分別是：新港社、麻豆社、蕭壠社和目加溜灣社，不過，還保留祭典形式的，只剩蕭壠和目加溜灣兩社。

　　位在新營市東郊的東山鄉東河村，是目前蕭壠社最大，也是祭典最完整的支社，全村約有兩三百戶，大致在清乾隆中葉以後，才由蕭壠祖居地的佳里遷徙來此，皆以務農維生，尊奉「阿立祖」

▼村婦把牲禮擺放於田間嚎海。

為最高守護神，每年農曆九月初四入夜至初五中午的平埔夜祭，
即是為祂老人家所舉行的歲時慶典。

　　「阿立祖信仰」是西拉雅系平埔族的特有宗教，一般認為祂是
太上老君的化身，皆以瓶、矸、壺等神器來象徵神體，東河村人
稱祂為「阿立母」，祭祀的場所叫「大公界」，其實是「大公廨
（gai³）」的訛音，這種「文化誤解」也出現在公廨內的「案祖阿
立母」，正確的叫法應是「尪祖」，祂和「阿立母」同為東河村的
最高神祇。

　　平埔族傳統的祭品，主要是檳榔、米酒和粽粿，雖然今天東河
村人已受漢化影響而增加了牲禮，但整個祭典擺設和感覺，還是
有濃郁的平埔味道的，像入夜後的「點豬過火」、凌晨的「舞唱牽
曲」等等皆是，其中最有特色的，莫過於初五中午舉行的「嚎
（hau²）海」了。

　　「嚎海」是哭祭大海之意，也稱「祭海」，藉「哭」和「祭」來
安慰當年從南島漂洋來台死於海上的先民。每年此時，東河村人
都會準備豐盛的祭品，擺設於「大公廨」西南方的田野間，由七
十餘高齡的尪姨李仁記女士主祭；其實，西南的方向，正是蕭壠
的原鄉。

　　「嚎海」從擺祭品、巡祭品到「唱牽曲」，總會流露出一股平埔
後裔的淡淡哀傷，頗為感人；而整個儀式最叫人動容的，則是尪
姨的慰靈。每屆平埔族歌的「牽曲」一起，手持尪祖拐的尪姨便
會衝向田埂上揮舞大哭，然後倒地翻滾，嚎啕抖唱，唱出一段段
已漸被族人遺忘的心酸故事……在那些故事的背後，總會叫尪姨

一再質問祂的子民，為什麼來拜的人，一年比一年的少？

　可不是嘛？漢化愈深，拜的人恐怕會愈來愈少了！

　「嚎海」是很傷感很悲哀，但真正傷感悲哀的，也許不是祭祀人數的多寡，而是有一天都沒有人知曉「阿立母」是什麼神祇時！

　「嚎海」過後，亡靈得到安慰，尪姨也得到安慰，可是面對已完全漢化的平埔族群，是否就此得到安慰？

▼村婦即與跳牽曲，但求
　諸靈盡興。

▼尪姨臨海慰靈，哭罷身
　心俱疲。

阿立祖夜燒紙船

　　閩南漢人祭完王爺後，燒一艘大大的木造船，送祂航向不歸海，叫做「燒王船」；平埔族人拜好阿立祖後，也來個「燒船送行」，只是燒的這艘船是小小的紙糊船，叫做「燒阿立祖船」。

　　阿立祖是平埔族西拉雅系四社的特有神祇，而舉行「燒阿立祖船」的，只有「蕭壠社」的番仔塭一地，詳細的位置是：台南縣七股鄉大埕村番仔塭。

　　「蕭壠社」的舊地，大致在現今的台南縣佳里鎮一帶（佳里舊稱即「蕭壠」），其西北鎮郊的北頭洋，依然保存阿立祖的專廟——立長宮，每年農曆三月廿九日的「阿立祖生」，仍見檳榔、米

▶台灣最小的紙船，就在七股番仔塭。

▲阿立祖愛好自然，這可
也是一道自然的祭品？

酒和粽粿的平埔祭品；一九八五年以前，位在台南縣東山鄉東河
村的平埔族人，必至此地「牽曲」（唱平埔族歌）祝賀，以示不忘
本，即使位在北頭洋之西的番仔塭，也一直奉北頭洋爲「祖家」，
守護神當然也是阿立祖。

　　不過，番仔塭對阿立祖的由來，卻另有一種說法，依據番仔塭
〈阿立祖廟誌〉碑的記載，明鄭時期有一位叫阿海的北頭洋平埔
人，前來此地經營數千甲魚塭維生，「番仔塭」的地名即由此而
來；有一年的九月初五，不幸被大雷劈死，當地人爲紀念他，尊
稱爲神，稱「阿立祖」，也叫「海祖」，定升天日爲其祭典日。

　　這個傳說顯然是故事的附會，合理的講，阿立祖是平埔族人由
北頭洋帶來此地開墾的守護神，「海祖」則可能是後人對這位番仔
塭的開基祖——阿海的尊稱。

　　番仔塭祭祀阿立祖的「公廨」，和一般有應公廟的小祠並無兩

▼一把火燒了紙船，阿立
　祖就這樣到了唐山！

樣，九月初五午后開始的祭祀活動，也和一般鄉間小廟拜拜一樣，所不同的是，祭品中多了一項檳榔，而且還置於地面的香蕉葉上，這是平埔族人的祭祀特色；不過，最有意思的，還是午夜的「燒阿立祖船」。

「阿立祖船」長不過七尺，竹架紙糊，掛雙帆，設水手，內置糖包、米包等物，聽說是送阿立祖回唐山之用的，初五上午便「停泊」於公廨右側，接受信徒們的「添儎」。

為了歡送阿立祖回唐山，入夜之後，信徒們至少會請來一團「康樂隊」，以艷舞相送，讓阿立祖茫舒舒的爽回去，「大家樂」盛行其間，還曾經有過兩團跳脫衣舞大車拼的紀錄。艷舞結束後，堆好金紙，「耐打」一打，阿立祖就在熊熊烈火中啓程了。

阿立祖就是太上老君，嚼著檳榔，看著裸舞，倒也滿符合祂老人家的一貫理想的，因為：老子法自然！

牽曲變作山地舞

　　「牽曲」是平埔族西拉雅系的特有音樂和舞蹈，舞步規則單調，歌聲哀怨動人，大意是描述祖先創業的心路歷程和祈求降雨，多由白衣打扮的少女圍圈舞唱，最有名的是台南縣東山鄉東河村的蕭壠社平埔族祭（農曆九月初四至初五）、台南縣大內鄉頭社村目加溜灣社平埔族祭（農曆十月十四日），及同村同社也是同時間舉行的埤仔腳平埔族祭，此地全為老人班。

　　不過，「牽曲」牽到最後也會走調變樣，位在台南縣官田鄉隆本村番仔田的復興宮平埔族祭，便是一個有趣的案例，「牽曲」已被牽成山地舞了。

　　坐落在隆田省公路旁加油站後的復興宮，最早是西拉雅系蔴豆社祭祀阿立祖的公廨，一九八五年始改建為閩南式廟宇，雖迎祀關聖帝君和清水祖師前來，但主祀還是阿立祖太上老君，祂大概也是西拉雅系阿立祖唯一造像化的，各地所見都是以壺、矸或瓶象徵。

　　番仔田復興宮的阿立祖祭，是農曆十月十五日上午，整個祭祀活動，包括祭品，幾乎已完全漢化，唯一有平埔味道的是，穿插於祭拜活動中的「牽曲」。

　　此地的「牽曲」，包括兩個階段，前一階段是真的「牽曲」，後一階段則為跳山地舞。

　　由於番仔田已幾無平埔後裔，所以數年前恢復舉行祭典時，特至大內鄉頭社村禮聘「名師」來此教導「牽曲」，學習的全為「媽媽級」的婦女，此後，番仔田（蔴豆社）唱的「牽曲」，就是目加溜灣社的「牽曲」了，說來也真好玩。

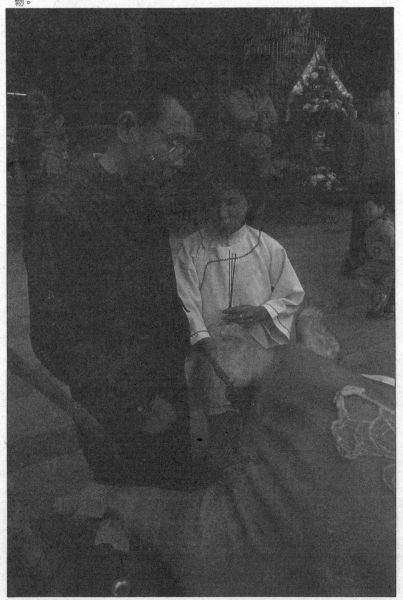

▼穿白衫的尫姨是這場祭
　典的靈媒，也是靈魂人
　物。

唱完「牽曲」，立即換上綜合的山地服飾，然後圍圈，錄音機一放，大跳起山地舞來，一首唱過一首，當中還穿插狩獵打野豬的特技表演，叫人搞不清這是平埔祭還是原住民的豐年祭？

　　有趣的是，這段山地舞表演，她們都說是給阿立祖「做生日」的，只是不知道阿立祖是否能消受？也許她們的觀念裡，反正阿立祖是「番仔佛」，跳個「番仔舞」也當無不可，雖不中亦不遠矣！

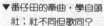
▼番仔田的牽曲，學自頭
　社；社不同但歌同？

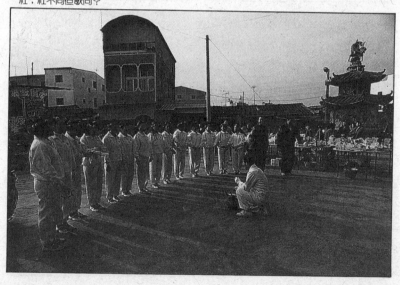

▼牽曲是「番仔歌」，山地
歌舞何嘗不也是「番仔
舞」。

　　這恐怕是漢人相當嚴重的「文化誤解」吧！我們週遭的許多常
民文化，不都是在這種「想當然耳」的謬誤中，變成馬不馬、牛
不牛的？

　　建議你：農曆十月十四日下午先到大內鄉頭社村看龍頭忠義廟
和埤仔腳篤加龍和廟的夜祭，十五日清晨結束後，再到官田鄉隆
本村番仔田復興宮參觀（兩地車程半小時可到），比較或感受一下
目加溜灣社和麻豆社不同風味的「牽曲」和平埔祭。

蘭陽歌仔聽不厭

　　喜愛歌仔戲的朋友都知道，台灣歌仔戲的發源地是蘭陽平原，據說開山祖師是人稱「歌仔助」的歐來助，時間大致在清末民初，此時正是日據時期，也許，異族統治下的無奈、苦悶生活，正是歌仔創作、流行的最好環境，至少那是一種情感的抒發。

　　歌仔最早的表演形態，只有小戲而已，並無大戲，搭棚而演的大戲是後來才發展出來的，這種小戲在蘭陽地區叫「落地掃」，也

◀掌聲之餘，不要忘了實惠的行動，賞點彩金。

就是在地面即興而唱，隨遇而演的表演方式，三五好友，有的敲鼓，有的拉絃，有了伴奏便也就可以唱作的比劃起來，形式自由，表演活潑，唱錯了重來，唱過了再來，大抵今天流行在蘭陽平原的特有陣頭──本地歌仔陣，依然保留這種風格和趣味。

　　根據台灣歌仔戲專家陳健銘兄的調查，這種也稱「老人歌仔陣」

▼每天上午，宜蘭公園都
　會有一群老人在此享受
　人生。

蘭陽歌仔聽不厭⊙81

▲有人彈有人唱也有人
　跳，即興而演，即興而
　樂。

的本地歌仔陣，至少也有上百陣，宜蘭各鄉鎮的老人會館都可以組陣，只要有伴奏的後場，便不怕找不到前場的生角和旦角，廟會可出陣，喜慶可出陣，喪葬亦可出陣，市場大得很；近來有人在歌仔之外，又加進了布馬或彩船表演，以爭取市場，像員山鄉的蔡海同、壯圍鄉的林金山等人便是。也許蘭陽平原上的本地歌仔陣太發達了，相形之下，活絡於台灣西南沿海的各種奇異陣頭，像鬥牛陣、跳鼓陣、車鼓陣、水族陣、高蹺陣、金獅陣……便很少在此地出現。

除了本地歌仔陣可以欣賞到蘭陽平原最原始的歌仔「落地掃」表演外，大多數的老人會館或鄉鎮公園，也都可以聆聽和參觀得到，其中以宜蘭公園和羅東公園最為便捷和熱鬧，只要不颱風不下雨，絕對有人在此哼唱和表演。

每天上午八、九點起，一直到近午時分結束的宜蘭公園歌仔會，不管會館內或大樹下，都會有一群老人在此彼此「消遣」，他們可以由「七字仔」唱到「大調」，再由「背詞仔」唱到「哭調仔」；也可以由「山伯探英台」演到「陳三五娘」，再由「雪梅思君」演回「山伯娶英台」，海闊天空，逍遙翱翔，自娛亦娛人，獨樂樂亦眾樂樂，給人的感覺是：快樂的歌仔，快樂的老人！

同樣的場景，同樣的戲碼，羅東公園開演的時間，約從下午兩點半開始，五點左右結束，同樣也是快樂的歌仔，快樂的老人！

來到蘭陽平原，不管在什麼地方聽歌仔，在享受鄉土風情和老人的快樂之餘，千萬別忘了實惠的掌聲，但如果能送個三五百的賞金，那就更實惠了！

第二輯／

童乩篇

坐關出關練法功

　　也許你還有印象，一九七七年三月八日主祀玄天上帝的南投縣名間鄉松柏坑受天宮，傳出三名受禁童乩暴斃的驚人慘案，事後法醫檢驗，斷定那是禁房通風不良窒息所致；這個大新聞經媒體披露後，引來一陣文字轟炸自不在話下，較有趣的是，各地廟宇、神壇的童乩訓練，自此沈寂了好一陣子，套句現在的術語，應該叫做「童乩症候群」吧！

　　童乩是台灣民間信仰中人神交通的主要靈媒人物，各地神壇或廟會皆可輕易發現，來自精神醫學方面的報告，說他（她）們是神經質、容易受暗示、情緒易衝動、人格不成熟，還外加一些歇斯底里症的人；再「學術」一點，就說他（她）們是什麼「運動型羊顛症」者……這些研究在某些層面可能有其學術價值，但坦白講，這種結論對大多數的靈媒人物而言，實在很不公平，至少對童乩的人格就不夠尊重，也和我們在民間的「直覺」，有著很大的認知差距。

　　要成為一位稱職的童乩，並不是一件容易之事，首先，他（她）們必須是一位菩薩心腸、熱心公益，在地方甚得人緣的人，這種個性在澎湖的「小法仔」要求得非常嚴格；其次，經過庄頭廟主神「卻乩」（kier² gi¹；神明選中為童乩）後，還得經歷閉關受禁的訓練過程，短則七天、十四天，長則七七四十九天，這段受訓，民間稱作「坐關」。

　　坐關多在廟宇廂房，四周門窗緊閉，並用紅綢布遮光，明的是防人窺視，暗的是防邪進入；內設神案晨夕焚香，地鋪草蓆作床，另設簡易衛浴設備，平時大門深鎖，只留一洞或開一小側門作為

▶「沒有三兩三，就不要
　上梁山」，怕痛就不要
　當童乩。

▼出關後得露兩手給「神」
　家看看。

◀童乩受禁出關，必有法
師在旁指導。

送食物、送茶水和交換盥洗衣物之用，所送食物，以麵食和水果
為主，絕無葷魚之物，而童乩三餐所吃的，就是這些。

坐關期間，除在裡頭自我清心寡慾之外，還得學會如何「起童」、
「退童」，如何畫符、派藥，如何操演五寶法器，如何……等等法
力「武功」，教授這些絕學的，就是老童乩或「紅頭仔」（法師），
換句話說，在童乩坐關期間，能和他（她）見面的，只有送東西
的和教絕學的。

坐關期滿，童乩就要「出關」，這天通常是庄頭廟的大事，都會
隆重其事；為考驗童乩真假及其法力，便設各樣祭儀來試驗，小
如過火、過釘橋，大如爬刀梯，其實這也是一種驗收，多少也有
發「牌照」的意味！

當然囉，不經坐關的童乩，也是童乩，也沒人說「祂」不是真
的；其實，童乩真真假假，假假真真，能「識神識事」者，即使
只是臨時「起童」，也應算是真童乩；而「識神用事」（藉神意亂
搞）者，就是坐關「坐」得像受天宮的死去活來，恐怕也只能算
是假童乩而已！

童乩桌頭二重唱

　　廟會中，我們看到的童乩，不是操五寶法器的就是穿五鋒口針，不是過火爬刀梯就是煮油過釘橋，這些都只是施展法力的辟邪行為，熱鬧是熱鬧了一些，但卻不能做到人神的直接溝通；其實，童乩的靈媒角色，最重要的職責，就是要代神發言，為廣大善信解決疑難雜症，行使這種人神之會的場合，多半在神壇或私宅，在南部叫「問神」、「問壇」、「獻壇」或「獻王爺」。

▼「獻壇」問事，神人溝
　通毫無困難。

到神壇「問壇」或請童乩前來「獻壇」，最多的原因是：惡運纏身，痼疾難癒，希望請神解運治病。

以在家裡正廳辦理為例。「獻壇」前，主家必先約好童乩，並迎請該名童乩所屬的神像（多庄頭廟祀神），前來正廳案桌供奉，晨昏上香禱告，反覆告之所求何事，好讓祂去查一查哪裡不對勁，想一想怎麼辦；而事前邀約童乩，也是這種意思，讓他先傷傷腦筋！

幾天之後，童乩如果感覺神明「偎身」（war¹ sin¹；附身）了，比如白天常打嗝、打哈欠，晚上屢屢作夢，就表示「有譜」了，便可前去準備獻壇，這個時間，通常是午后或傍晚。

童乩在案（壇）前坐定，由打嗝作呵逐漸進入「起童」階段，「神」來之際，開始手腳顫曳，繼而渾身抖動，終至蹦舞起跳，第一聲一定是八仙桌一掌，緊接著開金口指示祂是何神降臨，然後接受主家請示，雙方都可問可答，溝通絕對愉快，氣氛絕對和諧。

這之間，有時可以請來翻譯的「桌頭（der² tau⁵）」，因為童乩「起童」之後的聲調會變得很奇異，完全和該神的性格如一，像媽祖的女聲，太子爺的童音，齊天大聖的猴語等等，不習慣的人往往「有聽沒有懂」，不經桌頭在旁翻譯或傳達，有時真會急死人，不，應說是急死「神」！

由於「問神」之事，大致都有一定「程式」，可設定亦可破解，所以內容頗有規則，不外乎告示「×方亡魂糾纏」、「祖墳應該撿骨」、「先人欠缺瑣費」等等玄之又玄的「卡通話」，然後逐一解破，

▼透過桌頭的解說，神輕鬆，人也輕鬆。

指示主家要怎麼樣怎麼樣，最後都會畫符派藥，運途欠佳的，攜身保平安，重病痼疾的，化清水喝下……當然，翻譯的桌頭，有時會在話語當中略加渲染，讓問題更為玄奇，這叫做「死童乩，活桌頭」。

　　問事完畢，童乩又在八仙桌上大擊一掌後，即行「退童」，回復本來自我。如果你問他剛才說了些什麼，標準答案一定是：我不知道！

　　以科學角度看童乩獻壇，當然不可思議，只是只要不是斂財騙色，我們也不必太否定它精神層面的民俗療法！

蒙眼童乩聽邊鼓

　　在台灣要是沒見過童乩，那真的是有夠難。

　　童乩是台灣民間廟會的常客，也是各個進香團的發號司令者，代表主神指揮進香、遶境或其他信仰儀式的行止，角色重要，地位亦高。

　　童乩同時也是台灣民間宗教最有表演趣味的靈媒人物，舉凡操五寶（七星劍、鯊魚劍、銅棍、月斧、刺球）、穿口針、揹五鋒（在背部插上五根帶旗銅針）、過釘橋、爬刀梯等等，你不敢看的，他們都敢表演。其實，這些行為都是有信仰目的或意義的，比如流

▶這樣鐵定看不見，不過也鐵定會撞到東西。

血，那是一種見誠和辟邪行爲，比如過釘爬刀，那是一種祈安綏靖的宗教目的，諸如此類的例子，不勝枚舉；而在這些特技性的表演之外，還有一項較爲怪異的打扮，那就是蒙眼睛。

我們都觀賞過蒙著雙眼射飛鏢的特技表演，也都看過蒙眼剪髮的比賽報導，對他們神乎其技的演出，常常教人瞠目咋舌，直呼「神射手」、「神剪」；不過，要是你也看過童乩蒙眼舞跳揮寶劍的話，那更會教你嚇一跳！

童乩在「起童」之後，因某種宗教行爲或爲表示身份，往往揮手示意要蒙眼，這時，「左右」人員便不得怠慢，得趕緊對摺一至兩次的紅綢布，替他蒙上雙眼，再輪番遞送各種法器供他操演。

蒙眼之後的童乩，當然暫時失明，但他的一舉一動，包括走路、狂跳、揮劍、砍斧……都得表現得像常人一樣；目前所見，以男性童乩較多，女性童乩微乎其微。

童乩蒙眼操演五寶本非什麼困難之事，因爲法器拿在自己的手裡，砍在自己的身體，大小、起落、著力點，自可拿捏得準，況且平常操演時，雙眼不也似張未張？

難就難在前進和舞跳，尤其環境和地形不熟之地，更是一大挑戰，如果還要完成過火、晉廟等等儀式時，那就非有兩把刷子不可了！

首先，蒙眼的童乩，絕對要有一對聽覺靈敏的雙耳，不能眼觀四面，但得要能耳聽八方，這是長期訓練的功夫，聽音可辨別方向，也可分遠近，再加上自己的經驗和對陽（燈）光的感覺，應可掌握幾分地形地物，至少也可以閃閃鞭炮；其次，身邊一定要

◀沒人在旁敲邊鼓，蒙眼
童乩豈能唱得了戲！

有助手幫忙口令，有梯也必須「祂」一過火、沒有助害的蒙眼門路，讓「祂」青臉腫才怪呢！

童乩蒙眼自當然不能說這演出」成功，「神」可以唱得上「人」的敲邊要神也要人！

打點和喊時爬階下靠助手拉把，就是像晉廟等等儀式，手的牽引，再屬童乩，恐怕也會找不到自己去「摸」，不撞得鼻

有其信仰意義，我們是在搞噱頭，但要「當然也不是童乩一了戲的，還得加鼓，這叫做：

▶啥麼攏毋驚，勇敢向前行！

童乩解運打屁股

　　解運就是改運，改掉或解除不好的霉運，以祈求好運的到來，台灣民間的任何信仰儀式，幾乎都有這種功能，舉凡道士、紅頭、童乩、尪姨等等的任何靈媒，也都能上下其手的來個兩下子，可謂「式式皆是，人人皆會」！

　　一般解運解了也就算了，有時被解者還得添點油香錢表示表示，但位在台南縣北門鄉三寮灣東隆宮的解運，就大不相同了，不但不用收費，而且不小心還有白米可領，一舉兩得，何樂而不為，難怪每屆農曆四月中和十一月初一年兩度的解運時，皆見人山人海，大人小孩、阿公阿婆齊「擠」一堂，爭先恐後的排隊，準備被「解」一下。

　　東隆宮的解運是由童乩主持，他是此廟主神大王李府千歲的「金子」，也就是專屬童乩，此庄任何大小神事，皆由其發號司令，地位可謂相當崇高；解運時，但見他一手持五營旗，一手握七星寶劍，逐一為十方善信「上擦下拭，前揚後揮」，簡單一點的，兩三下即可解決，「隆重」一些的，那就相當「功夫」了！

　　所謂「功夫」，就是「特別處理」，童乩「法眼」瞧出信徒「運途」特差者，便會沾起額上的鮮血作法，在信徒頭上點捺數下，表示神符勅身，神可隨時保祐，有時乾脆直接以頭碰頭，來個「相親相愛」；若有「兩眼泛黃，印堂發黑」之人，更得卯足全力，徒手伸入背部衣內大作起法事來，男女平等，誰都一樣，各位且慢誤會，「神明」應該不會性騷擾才對。

　　接受這種「特別處理」的信徒，童乩必會送他（她）一包白米，帶回家吃平安；當然囉，其他信徒只要童乩認為有需要的，也會

▼拍胸打臉，可是神的親
　親而仁民？

送他一包，但絕非來者不拒，雖說一包白米沒值幾個錢，但「神明」還是會慎防貪小便宜者，尤其全家大小總動員的，因是同庄，所以「人神」一家，大家都相當熟悉，誰是誰家的小孩，童乩最清楚不過了，遇有這種現象，小孩幾乎也都要接受「特別處理」，那就是：趴下去，打屁股。

▶摸摸樂？神不似你我凡夫俗子，祂是沒有邪念的！

◀小孩子不乖就要打屁
股，神也知道這一套
的！

　　打屁股可真的是打屁股，在眾目睽睽之下，童乩用七星劍的刀背狠狠的打三下，打得每位小孩哇哇大叫，眼淚直流，沒哭的還真不多，但不見得打了就能「賞」到平安米，很多人都只「白打」而沒有白米；儘管這樣，不怕死的還是一路排過來──排過來打屁股。

　　其實，打屁股是解運的方法之一，我們不是常這樣說嘛：「損腳倉皮（臀部）較會乖」，傳統觀念裡，小孩子就是要打打屁股才不會調皮搗蛋，人來這一套，神當然也會這一套，因為神是人創造的！只是，調皮搗蛋為的是那包米，那真的該打，但如果不是，就讓他們有個快樂的童年，又何妨？

銅皮鐵肉穿口針

　　看過童乩或八家將表演的朋友，應該對「穿口針」都留有深刻印象，那副針穿雙頰之後瞪眼睛、張嘴巴、流口水的模樣，往往教人好笑又不忍卒睹，同時也為他的動機產生好奇和懷疑！

　　「穿口針」俗稱「貫（gern²）銅針」，因為早年都用銅針，但銅針易生銅鏽，近來已多採用不銹鋼針。基本的穿法，是用鋼針由外而內穿過嘴頰，再由內而外穿出另一邊的嘴頰，與身體成垂直，鋼針的重量完全由嘴頰支撐，此一方式是最典型也最常見的「穿口針」。

▶穿口針是一種辟邪的宗教行為，痛不痛？當然會痛。

◀只要穿得過去的地方，
都可以試試看！

　　「貫銅針」當然不只「穿口針」一處而已，還有穿脖子的「穿脖針」、穿手臂的「穿臂針」、穿頭皮的「穿頭針」，更有穿背部的「揹五鋒」等等，有的還同時針穿數個部位的，琳瑯滿目，名堂頗多，但不管穿哪裡，如何穿，所用銅針必先噴酒消毒，表演者也要喝幾口米酒，意思意思的麻醉一下，然後以黑令旗遮天避穢，並禁止女人觀看，以免犯忌，此時才由穿針的師傅，在穿針者的穿針部位輕拍數下，之後快速的將鋼針穿入，為減少疼痛，有時在穿入的那一剎那，也同時噴酒增加潤滑，大體上動作都乾淨俐落，絕無拖泥帶水之事，畢竟速度愈慢就會愈痛，搞這玩意兒，沒有「三兩步七」是唬不了人的！

　　民間所見，表演「貫銅針」者，大抵只有兩種人，一是童乩，一是八家將，雖說「表演」，其實應該說「裝扮」，因為這是一種「身份」的表現，他是神的附身者，也是代言人，代表神的威武性格，所以「貫銅針」時，童乩或八家將必處於「發」的時機，也就是「起童」的階段。

　　早期的銅針或鋼針，約為一、二尺長，三尺以上的就挺嚇人的了，而粗細也鮮少粗過原子筆心的；不過，近年來我們在各地廟

▶ 這麼粗的口針拔出之後，真懷疑說話不漏風！

會所看到的，已經很少短於三尺的了，其間部份童乩還算「正常」，尚使用兩尺左右的短針，可是幾乎所有的八家將，都已在使用超過成人高度的長針了，而粗細也有愈來愈粗的趨勢，目前已有食指般粗的鋼針出現了，這麼長這麼粗的鋼針穿在嘴裡（太粗了，只能穿一邊），簡直要命，下巴都快崩下來了，穿針者非得用手撐住不可，否則臉頰會吃不消，等到「退童」拔出針來後，嘴頰都還留下一個小洞，說起話來還真有點「漏風」呢！

拔針的時機，通常在「退童」之前，拔前也是要先喝點米酒，拔時速度宜快，這也是為了減少疼痛，拔後再噴酒，以避免發炎，最後才是「退童」，回復正常。

針穿皮肉會不會痛？這是一個很有趣的問題，筆者認為：「身體髮膚，受之父母」，焉有不痛之道理？只是穿針者的忍痛功夫在你我之上而已，不「神」勇，哪敢扮「神」！

脚底按摩過釘橋

　　如果你認為爬刀梯、過釘橋、坐釘椅、眠釘床等等這些奇奇怪怪的特殊玩意兒，是童乩、法師等靈媒人物的專利的話，那麼你就錯了，許多非靈媒的凡夫俗子，包括你我在內，也都同樣可以玩一下，而且也可以跟童乩、法師一樣，分毫未損，皮肉不傷！相信嘛？「天下無難事，只怕有『膽』人」！

　　不錯！坐釘椅、眠釘床多半只有童乩才有資格享用，但爬刀梯、過釘橋可就不一定了，往往領頭的童乩或法師一過，其他的人便可以跟上去湊熱鬧，尤其過釘橋，南部很多地方，就把它當作家常便飯，三不五時就搞一次，常常是不分老少，不分你我，「大家一起來」，既熱鬧又刺激，好玩又有趣！

　　過釘橋，顧名思義是踩過紮釘的板橋，這是一種解運與祈安的信仰儀式，通常在神明聖誕、童乩出關、解運祭儀等等場合舉行，它的意義，對有靈媒身份者而言，就是考驗與賜福，對一般善信來說，則是祛災與更新，民間相信，過了釘橋可以去霉運、得吉祥。

　　釘橋，通常用長板橙作橋樑，用長木板作橋面，為求吉祥與美觀，橋面都用紅布舖蓋，其上再放釘板。

　　釘板為一般木板塊，長約一尺許，寬在半尺間，上面反釘七支新銅（鐵）釘，集中在中央，釘尖朝上，釘板與釘板作一左一右排列，頭尾相接，如同成人左右步伐，全部數目都作卅六塊或七十二塊，意取卅六天罡或七十二地煞，七十二塊釘板的釘橋，就算大型，已相當嚇人的了！

　　儀式開始，工作人員先用淨爐來回熏繞釘橋上下，以求潔淨無

▼要走得輕鬆愉快，不來
　個「偷吃步」是不行的。

邪，接著童乩或法師一一畫符安置在釘板上，表示神靈鎮守，此時釘橋才算有了法力，既有法力，即可過橋，通常領路過橋的第一人是童乩，因為他是神的代言人，「神者為大」，神不領眾，眾為知茫茫前程？即使沒什麼危險，也該讓童乩去探探「路草」，試試會不會痛？

童乩一過，大家便可魚貫上橋，跟上去步步驚魂一下，不過上橋前得洗淨腳底，這是對鎮守釘板神靈（符力）的小小敬意，或許這樣神靈也才不會被香港腳熏倒！這之間，老少都可參加，但

◀有人撐腰，走起來輕鬆多了！

女性，很抱歉，「女賓止步」，這談不上什麼女權的尊重問題，只能說傳統農業社會重男輕女觀念在民間信仰的一個反映，此例不勝枚舉，說也說不完。

　　脚踩釘板不會痛嘛？踩「板」當然不會痛，但踩「釘」那就難講了，這就要靠你的聰明才智了！可沒人叫你一定要密密實實的踩著釘尖。其實，偶而扎幾下，也滿刺激的，這點小痛人人應該可以承受，有時還有益健康呢！最近我們不是在流行走石子路作脚底按摩嗎？

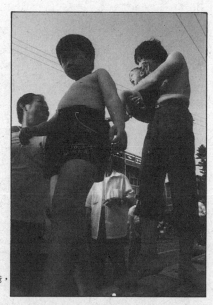

▶不要哭，痛的是爸爸，
　你沒道理哭呀！

老神在在碰釘子

　　小時候，庄中有位叫「臭頭楚仔」的童乩，每到神明誕辰前就「起童」指示要「釘床侍候」。神諭一下，便得忙上父親、叔伯父們好幾天，才能弄個釘床讓他在神明生那天「爽」一下，而他老兄也不負眾望，往往一躺就賴著不起床，每次總得勞煩爐主再三點香，「跋杯（bwar³ bwei¹；擲筊）」請示，他才心不甘情不願的起床「退童」，所以直到今天庄中還流行這麼一句順口溜：臭頭楚仔睏釘床，一瞑長長長！

▼小睡一覺，反正閒著也
　是閒著。

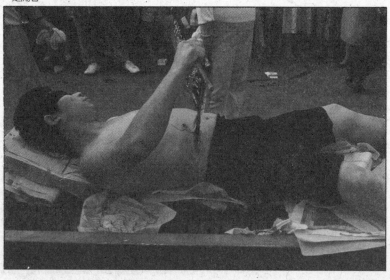

釘子是我們的日常用品，好用卻不好玩，一般人都挺怕被扎到的，但童乩對它卻情有獨鍾，像「五寶」法器中的刺球、銅棍（另三樣為七星劍、鯊魚劍、月斧），像祭儀中的爬釘梯（爬刀梯）、過釘橋等等，玩「釘子遊戲」似乎是童乩的家常便飯，坐釘橋、睏釘床也是他們的拿手絕活。

　　釘椅、釘床都是扎滿釘支的法器，釘椅扎釘的部位分別在椅背、椅墊、扶手（兩支）、腳墊等五處，多作卅六、七十二或一○八支的安排，坐下後，背部、臀部、雙手、腳底等全身著力點，統統在釘位上，跑也跑不掉，一般男性童乩多作上裸，所以除了臀部之外，其他部位都是釘肉相貼；但女性童乩釘肉相貼的部位，大概只有腳底。

　　至於釘床，是在一塊大木板上釘滿釘支，多作一○八支排列，當童乩躺下時，背面各部位全都在釘上，一躺便動彈不得，所以上下必須數人合抬，「工程」是滿大的！這種玩意兒，還沒見過女性童乩，大概也考慮到雅觀吧！

　　坐釘椅、睏釘床之前，釘椅和釘床必須先淨爐和安符，以辟邪氣和招法力，有無功能，那是另外一回事，至少可以安人心！因為搞這玩意兒是不能見血的。

　　童乩「起童」後，便可直接坐釘椅或睏釘床，有的僅蜻蜓點水式的意思意思一下就夠了，有的卻非得耗上半天不可，更有參加遶境行列遊街「示眾」的，這個時間就不只半天而已了，足以教人睡上一覺。事實上閉目如老僧入定狀，也等於是在睡覺了，只是不知道是否真的睡得著覺。

▼我不是怕痛，而是要你
　們抖輕一點。

基本上，坐釘椅是童乩的專利，你我凡夫俗子無緣享用，但睏釘床就不一定了，台南縣北門鄉三寮灣在農曆三月末的東嶽大帝例祭日時，就經常搞「大家樂」，任何人都可以來躺一下過過癮，只怕你不來，不怕你不樂。

　　在信仰意義上，童乩坐釘椅、睏釘床，是一種祈安驅邪的宗教行為，也是一種身份語言，而一般人睏釘床的目的，則在祛霉解運，可是也有人這樣說：

　　坐釘椅無痞瘡，睏釘床鮜（be³；不會）起疼！

　　想想，好像也滿合理的！

▶輕輕躺一下過過癮，不過可別放手！

大顯神通爬刀梯

　　「爬刀梯」也叫「登天門」，是台灣民間較爲少見的宗教儀式，以攀爬目的來分，主要有兩類，一是道士的「陞職閱籙」，一是童乩的「祈安法會」。

　　道士在修煉一段時間後，必須經過爬刀梯的升等考試，才能晉升爲道長，而有資格權充「主壇」（即俗稱「豎中尊」）。依文獻記載，這種儀式始於唐代，由於古時交通不便，修道者無法親自前往江西省龍虎山天師府請求張天師允准，想要晉升道長者，便要搭建刀梯攀爬，於梯頂遙望龍虎山上疏並擲筊請求恩准；而攀爬刀梯的過程，就是象徵求道的艱辛與毅力。

◀有懼高症的人別上來，
否則你會下不來！

▶下梯撒平安符，你看，
　輕鬆愉快。

　　而童乩的爬刀梯，大致有四個時機：①童乩出關，童乩在坐關
禁閉七日或七的倍數日（如七七四十九天）之後，為表示功德圓
滿，神靈附體，即行爬刀梯；②廟宇入廟，廟宇新蓋或重建完成
後，必行「入廟」儀式，為求廟宇神光，合境平安，亦行爬刀梯；
③主神開光，主祀神明新雕或重塑後，必有開光點眼的儀式，為
隆重其事並增強神靈，也經常舉行爬刀梯；④神明聖誕，為神明

慶生而舉行，此例較少見。

一般刀梯有卅六層、七十二層、一百零八層等數種，大抵是源自「卅六天罡七十二地煞」的思想而來，民間即以其極數的一〇八層最常見，高度則以卅六尺爲定制。雖說是「刀梯」，但多「刀」、「釘」混合排列，主要有五式：①上下皆爲刀梯，②上釘梯下刀梯，③上刀梯下釘梯，④上刺球梯下刀梯，⑤上下皆先釘梯後刀梯，即一階釘梯一階刀梯，其中以⑤最通俗，因爲此式較易得到緩衝。

而梯架的搭設上，也有兩種樣式，一是直式，多見於道士的「陞職閱籙」；一是斜式，童乩的「祈安法會」即多採用此式，斜式顯然比直式來得容易攀爬。

爬刀梯之前，必先行「煮油」除穢和「安符」鎮煞，前者目的在淨壇和淨人，使法場完全「乾淨」；後者目的則在驅邪和增強神力，讓刀梯平安無事。

一切就緒，時辰一到，即行「登天門」爬刀梯，陞職道士必由「通引官」（或稱「通引師」）領路，不過此人只帶上不帶下；而一般童乩則由資深童乩領路，逐一而上，一步一步走完全程，並在下梯時撒下平安符和糖果，讓觀眾撿拾，當然，這一撒，難免被搶得昏天暗地，不亦樂乎！畢竟，天降神符，法力無邊嘛！

爬刀梯以不流血而見功夫，刀可能好踏，但紮得密密麻麻的一〇八支釘板，就不那麼好玩了，想要煉得這套功夫，或許在祈求神助之外，還是要自求多福，「老師傅」的祕訣絕不能忘：抬頭挺胸，刀踏重，釘踏輕！

女性童乩很神氣

　　童乩是民間廟會的常客，往往是香陣的主導人物，造形突出，角色重要；我們的印象裡，「祂」幾乎都是男性的天下，其實不然，女性童乩也不在少數，她扮演的角色，和男性童乩一樣，都是神的發言人，也一樣可以稱職的搭起神和人之間的橋樑。

　　女童乩在民間被戲稱為「童乩婆仔」，她的跳神過程，和男童乩幾無兩樣，只是少了一份陽剛之氣，不過，柔中帶威，文中帶武，依然叫人畏懼三分，不能不承認她也是神──神經質中透露一份神氣。

◀女童乩揮刀舞劍並不輸給鬚眉。

▶露背裝外一用：當肉砧用。

　　童乩之所以為童乩，乃在於「祂」能操巫器和爬過各種釘板祭器，男童乩能，女童乩當然也能，從七星劍、銅棍、刺球（紅柑）到月斧、鯊魚劍，女童乩一樣也不含糊，照樣可以中規中矩的耍得紅光滿面，照樣可以有板有眼的砍得鮮血淋漓，至於斜歪頭、瞪白眼、流口水，甚至流鼻涕，也一樣不輸給男童乩。

　　不過，女童乩還是有她的局限的，至少過各種釘板或刀板的場合，如過釘橋、爬刀梯等等，就遠不如男童乩了，也許受制於傳統社會「重男輕女」和「女人不潔」觀念的影響，也許過釘橋、爬刀梯真的是太危險了，這些忌諱污穢的法會場合，幾乎看不到女童乩。然而，一般性的祭儀，像過火、煮油等等，女童乩還是滿活躍的，男童乩前面跑，她們也必會後面追，跑來跑去，追來追去，大家玩得不亦樂乎！

　　雖說男童乩能的，女童乩也能，但男童乩敢的，女童乩未必就敢，穿口針和背紮五針的「揹（pain⁵）五鋒」便是，究其原因，

◀眞擔心華歌爾、黛安芬做得不夠好！

大概女童乩的「皮」較嫩吧！即使老的女童乩再怎麼「老骨定康康，老皮𧌄（be^3；不會）過風」，恐怕也不敢如此神勇，因爲那實在不好玩。

再說「請水」，男童乩一到岸邊，敢不管三七二十一的「噗通」跳下水，然後在水裡游來游去，載沈載浮；但女童乩一到岸邊，可得緊急煞車，此時能做的，就是舞動著手中的七星寶劍，揮來揮去，跳來跳去，但不管怎麼跳，就是不敢跳到水裡去。

也許有人會問，童乩揮劍砍背是要讓它流出鮮血來的，男童乩光裸上身，較易理解，可是女童乩呢？總不能叫她也光裸著上身吧？

不會的，方法很簡單，女童乩穿的上衣，可是一件道道地地的露背裝，背部挖洞的地方，正是劍斧球棍落下的地方；只是面對無可避免的穿幫鏡頭，我總會這樣驚訝：黛安芬、華歌爾做得可眞堅固耐砍呀！

濟公瘋顛人瘋狂

　　童乩有男有女，有老有少。男童乩身份複雜，他可以是王爺的發言人，也可以是太子爺的靈媒者，更可以是媽祖婆的代言人，他不暗示或開金口，包括經驗老到的「桌頭」或「紅頭仔」在內，根本沒人知曉「祂」是何方神聖大駕光臨；女童乩雖然必爲女性神祇所附身，但如果「祂」不交代身份，從外表依然看不出她代表的是瑤池金母還是註生娘娘？即使囝仔（gin¹a²；孩童）童乩也是一樣；倒是有一種童乩，光看外表或穿扮就知道祂是誰了，連小孩也可以猜得出來，因爲祂只代表一個身份，角色鮮明，對象單純；祂，就是濟公。

　　濟公俗姓李，宋代浙江天台人，十八歲時在杭州西湖靈隱寺剃髮爲僧，法號道濟，行事不修邊幅，不守佛規，瘋瘋顛顛，眞眞假假，不但酒不離手，還天天猛吃狗肉，可是一位標準「酒肉穿腸過，佛在我心頭」型的和尚，世人以濟顛稱之。

　　濟公雖然顛狂乖張，但法力卻無邊，相傳祂的袈裟罩落山頂可以盡拔山木蓋寺院，祂的僧帽落水能夠變作大舟渡蒼生，而那支大蒲扇更是神通廣大，不但可以除百妖，還可以降百福；大概就是因爲濟公這種「正派經營」但卻未按牌理出牌的叛逆性格，爲廣大善信所認同，所以宋元以後濟公成爲一代禪師，甚至被尊爲活佛，光在台灣，專祀的濟公廟至少也有三十座。

　　不過，濟公廟之所以興起，香火之所以興盛，卻和「大家樂」、「六合彩」有著密切關連，主要是民間相信濟公會出明牌；至於爲什麼相信濟公會出明牌？道理很簡單，因爲祂是濟「顛」，瘋顛的神祇才有瘋狂的言語，瘋狂的言語就有自由心證的數字遊戲。

◀「大家樂」興起後，濟
公紛紛出籠。

▼報個明牌，等一下請你
吃狗肉。

大家樂、六合彩流行的那一陣子，許多的「阿達族」，不都是這樣
而一夕成名，甚至飛黃騰「達」的嘛？

濟顛瘋，瘋濟顛，最有趣的便是濟公童乩，只要一出現，便會
有一群人長相左右，有的做筆記，有的按下錄音機，「祂」的任何
一句話，都成為善男信女的金科玉律、治世名言，現場聽不懂沒
關係，回去再傷傷腦筋猜猜看，說不定「金」和「玉」就在裡頭；
而「祂」的任何一個動作，更是大家揣摩想像的禪機，一舉手一
投足盡是明牌，只怕你火候不夠參徹不出，不怕你也一起來打啞
謎。

濟公童乩瘋瘋顛顛，語無倫次，隨侍在側的祂的萬千子民，要
的正是這些瘋瘋顛顛的動作，語無倫次的話，僅為了禪味十足的
明牌，竟能叫人神一起也瘋狂，只是有時叫人搞不清，真正瘋狂
的，到底是濟公還是祂的子民？

◀女濟公應叫「濟婆」吧！
腳照顛，酒照喝。

童乩做久會成精

　　在知識水準普遍提高的今天，翻開報紙，三天兩頭一不小心便可看到兩種光怪陸離的新聞，叫人感到納悶和可笑，一是金光黨裝瘋騙財，一是童乩藉神妖言惑眾，前者的癥結是一個「貪」字可解，但後者就不那麼單純了，因為「神」往往會使人目眩耳鳴，失魂落魄，不知今夕何夕，所以才會有玄奇的堂皇歪理，讓旁觀者聞之啼笑皆非，然後哭笑不得，最後欲哭無淚，且看：

　　童乩殺人越貨叫做替天行道，為民除害……

　　童乩詐財騙錢叫做劫富濟貧，貢獻社會……

　　童乩猥褻強暴是為了陰陽調和，天人合一……

　　還有，溺斃骨肉是為了除煞斬魔，是為了幫助老公得道成仙……

　　再看一則真實的故事：鄰村某人家裡常遭小偷光顧，從電冰箱一直被搬到錄放影機，愈搬愈小，愈搬愈細，緊張之餘，請來同

▶童乩舞大旗，幾分神意？幾分人意？

村童乩入宅安符，童乩「起童」發跳之後，在屋前屋後、門上門下、窗裡窗外、床頂床底……一一安上符紙，最後交代屋主最好真珠瑪瑙也要安一安，主人不敢怠慢，趕緊取出金器讓童乩安上「金仔符」；事隔數日又遭小偷，結果什麼都沒掉，只掉了金子，有趣的是，「金仔符」還貼得好好的。

這些都是故事，但也都是真人真事，看過之後給人第一個感想便是：今天的台灣，怎麼還會有這麼愚蠢的人，甘願受愚弄？

而連社會大眾也似有被愚弄的感覺是，等到東窗事發被媒體披露後，每個事件的主角，都會把他的行為歸諸到「神」的身上，還冠上一個與日月同光的偉大「號召」，說什麼替天行道、天人合一……。

有一句話這麼說：「老大做久會吃錢（貪污），童乩做久會成精。」意思是說寺廟的神職人員幹久了就會上下其手，童乩當久了也會作怪搞鬼，拿「神」作令箭，夾「神」以令天下蒼生，而天下蒼生竟也無視令箭為雞毛，讓相同的故事，不斷的上演－－不斷地在我們這個開發中的國家上演。

童乩褪下「神」的外衣，跟你我一樣，既非聖亦非賢，都只是一個凡夫俗子而已，所以我們大可不必事事問鬼神，更不必視其言為聖旨；當然囉，童乩也和各行各業一樣，都有「好事說盡，壞事做絕」的害群之馬，我們也不必一竿子打翻一船人，或用雙重標準加以否定，畢竟神棍只在少數，會做怪搞鬼的童乩，終究經不起陽光的照射的！

批判童乩，我也是在替天行道，但絕非天人合一。

▼來來，給我攝一張！

眼明腳快過炭火

「過火」是台灣民間非常熱絡的信仰儀式，對神在更新生命，增強神靈，對人則在淨身潔體、辟邪祈安，形態至少有五種：①過爐火②過火城③過柴火④過金火⑤過炭火，雖然目的與意義都一樣，但過法卻不盡相同，各有各的名堂，其中最典型也最通俗的是過金火和過炭火。

過金火是所有過火儀式中最簡單的一種，以拆散的金紙舖成一條路，點燃後由上面踩過，許多進香團在完成「過爐」後便多順便舉行，它的主要流行區域在花東一帶，每年農曆四月初八舉行「釋迦佛過火」的花蓮縣瑞穗鄉瑞美村青蓮寺，便是箇中最有名者。

過炭火是過火的基本形式，我們一般所說的「過火」，通常指的就是過炭火，台灣南北都有，不過舉行的時間不同，北部多在白天，尤其上午爲多，南部則多在晚上，入夜和子時是最常用的兩個時段。

過炭火所用的材料，當然是木炭，作法是這樣：先堆（舖）木炭塊－－點火燃燒（撒檀香粉助燃）－－然後，用竹棍舖平，約兩三寸厚－－「紅頭仔」請神調營－－撒鹽米－－敕安「五方符」－－開始過火。

當「紅頭仔」（法師）請神和調營時，大概就已進入過火準備階段了，接下來的「撒鹽米」（應該叫「摔鹽米」）看是一種驅煞的行爲，但真正的用意是在降低火溫，有經驗的「紅頭仔」，撒後一定會作「試踩」，看看溫度是否適當，如果還是很高，就繼續撒鹽米，直到溫度降下，才接著作敕符安五方的步驟，說來這也是「江

◀有人大步跳，有人哇哇
　叫！

▼童乩通常跑前面，祂都
　跑了，你我焉能不跑！

▼大轎過火，雖神可過得
　多，但危險也較多。

湖一點訣」，神的靈力很重要，技巧更重要。

　　不管那一形式的過火，民間所見，幾乎都是由童乩或「紅頭仔」帶隊領路，過炭火當然也不例外，所謂「過」，是打著赤腳小跑步踩過炭火堆，東進西出，南進北出，如此數回，結束後用水澆滅，炭塊則任由善信取回當爐火，據說燒出來的茶水，可作平安茶飲用。

　　在所有過火形態中，過炭火是發生意外事件最多的一種，原因都是跌倒在炭堆中，只要一跌倒，包準「烤番薯」；幾年前北部有某廟在附近海邊舉行過火儀式，因炭塊舖在沙灘上，結果前面的人是跑過去了，但後面有人卻陷入土裡而跌倒，正要爬起又被緊跟著而來的人壓在下面，這一壓豈止「烤番薯」而已？一九九○年夏天，筆者家鄉某廟也發生同樣的慘劇，主因是扛轎的前面轎伕不勝負荷滑倒，人倒轎也倒，轎倒全都倒，人在轎下，火在腳下，燙得大家哇哇叫；玩這個遊戲，不能不記住山人十字真言：眼明腳要快，步小膽要大！

熊熊烈焰洗火澡

　　看過「過火」吧！我們一般看到的，大多是燒金紙的「過金火」，或燒木炭的「過炭火」，如果你爲這種「打赤脚、踩火盆」的祭儀，就感到驚奇的話，那麼就太孤陋寡聞了，有機會看看台南縣麻豆一帶的「過柴火」，那才會叫你大呼過癮呢！

　　「過柴火」的目的與意義，也和一般的過火一樣，對神在更新生命、增強神靈，對人則在淨身潔體、辟邪祈安；不過，過的方式就大異其趣了，一般的過法是等火燒完了以後才過，而「過柴火」則在火勢正旺時強行通過，看的人說危險，過的人確實也跑得緊張兮兮。

　　「過柴火」所用的木柴，有竹頭和「檨仔柴」（芒果樹）兩種，據說後者的火勢較爲猛烈，過一次火必須使用一萬五千斤左右，在舉行前數天就得準備妥當，大多採整棵購回的方式。運回後，先用電鋸鋸成一截一截的「柴箍」（tsar[7] ko[1]；木塊），然後開始堆高，幹、枝、葉統統下去，大致以兩公尺爲度，這個工作至少得花上兩天的時間。

　　舉行當天，除了童乩外，必請法師（紅頭仔）前來主持請神和調營科儀，之後用三支俗稱「暗八」的大長香，挿入柴堆中的金紙內，讓它自動著火。

　　由於柴堆都還濕濕的，燃燒極慢，廟方人員此時就得不時的在柴堆上撒丟檀香粉助燃，經過兩三小時後，柴堆才由悶燒濃煙轉爲熊熊大火。

　　柴火就這樣燒著，直到柴堆燒剩半人高時，就可以準備過火了。這種「過柴火」是不必撒鹽米驅邪（其實是降溫）的，火勢愈旺

▶過柴火如洗火澡,緊張
又刺激!

▼你要抱緊我,可別鬆
手,否則會找不到我。

◀會不會怕？不會，才怪。

代表神靈愈旺，也象徵庄頭愈旺！

　　就趁著這樣猛烈的火勢，大家都摩拳擦掌，各就各位了！此時，童乩揮舞著七星寶劍，率先跳入火堆中，這一景有如「身陷火海」，等奔出火堆後竟也完好無恙，於是眾人便在童乩五營旗的揮舞下，脫下鞋子，拉起褲管，一個一個躍入火堆中，也一個一個平安的跳出火海，不過，表情卻千奇百怪，笑的當然有，面如土色的也不少，摸腳抹褲管的就更多了！

　　這種過火僅限於男性，而且要按著順序來，童乩、手轎、捧神像者過後，其他的人才能跟進；這套規矩其實也滿合理的，跑前面的人都是經驗較老到者，讓他們先過去踩踩火，後面菜鳥跑起來也較平坦！

　　也許有人會問：身體不會著火嘛？台灣有句俗話可以解答：「燒驚雄，雄驚大嘴（速度快就不怕熱）。」跑快一點，火是燒不到你的！這個知識，萬一……說不一定也可以用得到！

鑽過黑山火盆城

　　「過火」是台灣民間頗為頻繁的信仰活動，南北皆有，不過，與過火同具宗教功能和意義的「過黑山火盆城」，就較為罕見了，大致僅流行在南部地區，直到今天，也只二地曾經舉行過，一在台南縣東山鄉聖賢村天聖宮，一在台南縣下營鄉茅港村天后宮。

　　「過黑山火盆城」俗稱「過火城」，它的過火方式不同於一般的過火。一般過火是踩過燃燒中的柴火（過柴火），或燃燒後的炭火（過炭火），而「過火城」則是由燃燒中的「火城」中穿過，既緊張又刺激，場面極為壯觀。

　　「火城」的造形，用五至七萬斤的龍眼柴或相思樹柴搭建，成金字塔狀，留四門，城高約三丈，整個儀式由「紅頭仔」（法師）

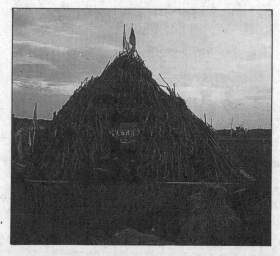

▶搭造火城，首重架構，
　一定要四平八穩。

◀瀟洒走一回，包準你永
生難忘。

和童乩主持，前者調兵安城，後者開城領路。主要有七個過程：

1.點火／配合木屑和金紙，童乩按五行方位由東南西北中依次點火，使「火城」燃燒起來。

2.調營／此時，「紅頭仔」也開始作法調請五營兵將前來安城，其順序也是東南西北中的五行方位。

3.淨身／童乩先在「火城」前的兩盆「脚桶水」中作法安符，然後指示凡是想要過城的人，都必須先行淨身，以免冒瀆神聖，左盆水淨面，右盆水淨脚。

4.巡城／在燃燒過程中，童乩一直來回遶城巡視，其實這就是在觀察「開城」的時機。

5.開城／燒了兩個小時後，「火城」正烈，一片火海，童乩適時「開火城」，依五行方位一一操刀舞劍砍劈一番，表示火城已開，可以開始過城了。

6.過城／由童乩領路帶頭，捧神像者，一般善信打赤脚緊跟在後，

▶ 不要怕！裡面涼快得
很。

童乩揮起七星寶劍，一聲令下，眾人便魚貫由城門下鑽過，東進
西出，南進北出……來回穿梭。

7.封城／過城畢，童乩隨即作法封城，禁止任何人再靠近，以防崩
城，「紅頭仔」也同時唸咒送神退除法力。

　　「過火城」的宗教功能一如一般過火，對神旨在更新生命、增
強神靈，對人則在淨身潔體、辟邪祈安；雖然它的手續遠比一般
過火要來得繁複，但應該比較安全，絕不會有燙傷之虞。它的形
態，儘管可能由「過火」繁衍而來，不過似乎也為多樣化的台灣
民俗信仰，再增添了幾許風采，站在民俗角度，應該給予認同與
肯定。

　　有趣的是，城門口的溫度奇高，但城內卻涼快無比，許多人都
說這是「神靈顯赫」，筆者為了證實，也混進人群跟著體驗一下，
果然如此，但這種現象應該是空氣循環的溫度差，和「神」的關
係可能微乎其微！

第三輯／

紅頭篇

點兵遣將調五營

　　「旗鼓香爐通三壇，一聲法鼓鬧紛紛，二聲法鼓透地鳳，吾帶明鑼天地動，焚香走馬到壇前，調起東營軍西營將，調起南營軍北營將，中營軍五營將，調起五營兵馬，點兵佮（ga¹；和）點將，飛雲走馬到壇前，挑兵走馬到壇前，神兵火急如律令，急急如律令……。」

　　在鄉間長大的人，對「紅頭仔」（法師）最拿手的「調營神咒」，應該都不會太陌生，說不定你還會哼唱兩句呢！

　　「調營」就是「調五營」，調請五營兵馬前來協助法事的意思，大抵只要「紅頭仔」主持的大小法事場合，如請水、煮油、過火、

◀鄉間依然可見釘竹符，
足見五營信仰的蓬勃。

▼童乩的血是一種符力，
　沾在竹符，即有千萬兵
　馬。

安座、開光、扑（pah²;攻打）城⋯⋯都要來段唱作俱佳的調營表演。

「五營兵馬」又是什麼玩意兒？民間信仰中，凡是正神必有兵將，這些兵將平時被安放在正神所屬廟宇的五個方位，戍守庄頭，防止邪魔歪道入侵，「戰時」（遇有狀況）則接受童乩或「紅頭仔」的差遣，協助法事，所以一般廟宇都有五營的設施，尤其王爺廟，在內以五營旗或「五營頭」象徵，叫做「內營」，在外則以「五營寨」表示，叫做「外營」。這套佈局，如果用今天的軍隊來作比喻，把廟宇比作營部的話，那麼「內營」就是「營部連」，「外營」就是各連隊。

五營設施，各有方位、旗號、兵馬和主將，含混不得，調營時絕對不能搞錯，一錯就會自相踐踏，天下大亂，這叫做「一將無能，累死三軍」。祂們的佈防是這樣：

東營，東方，青旗，九夷軍，軍馬九千九萬兵；
南營，南方，紅旗，八蠻軍，軍馬八千八萬兵；
西營，西方，白旗，六戎軍，軍馬六千六萬兵；
北營，北方，黑旗，五狄軍，軍馬五千五萬兵；
中營，中央，黃旗，三秦軍，軍馬三千三萬兵。

五營主將，除中營是李哪吒較統一外，其餘四營各地不盡相同，但最通俗的是張基清、蕭其明、劉武秀、連忠宮，也就是「張蕭劉連李」的系統。

「紅頭仔」調營時，以耍法索作法，童乩則以操演巫器祭請，東營用七星劍，南營用銅棍，西營用鯊魚劍，北營用月斧，中營

用刺球，中規中矩，馬虎不得。

　　台灣民間的五營觀念，其實也滿有學問的，東南西北中――青紅白黑黃，這是中國人五方五色的應用，再加上營號「東夷」、「南蠻」、「西戎」、「北狄」、「中秦」的安排，更顯出它的文化來，原來民間信仰也有這麼有內涵的文化！只是這種文化，還是在大傳統的沙文主義圈圈裡打轉――「萬軍主帥，唯有中秦一方」！

▶四轎安竹符，儀式之外也有文化。

祭路祭煞祭橋頭

　　我們都知道「馬路如虎口」，既是虎口，便有危險，台灣很少馬路沒有發生過車禍的，既有車禍，便有人命喪於此，從此，在民間俗信的說法裡，此地已經「不乾淨」，即使家屬已經延請僧道做過「引魂」（牽引死者的魂魄回家）儀式，但一般人的觀念裡，還是認為這個地方已成為孤魂野鬼的地盤，如果不幸該地或附近又多發生幾件車禍的話，那麼這種「此地有鬼」的傳言，將會被繪聲繪影得如日中天……這之後，便有人在此設立「阿彌陀佛碑」

▼四轎祭路，再怎麼祭，
　總祭不走冒失鬼。

▲鍾馗祭煞，祭的是信
仰，也是文化。

什麼的，路過的駕駛人也會丟棄一些銀紙當做買路費，尤其遊覽車和大卡車，蘇花公路、北宜公路不就是非常流行這一套？

馬路如此，橋頭也是這樣，有些人還把窄橋比作「奈河橋」的，橫跨曾文溪出海口的國聖大橋，就是被人這樣形容著。

車禍頻傳的馬路或橋頭，對當地的寺廟而言，是一個侮辱，也是一個恥辱，表示神明威靈不夠，未善盡庇祐之責；於是，便有當地寺廟或庄民發起的所謂「祭路」（即「車路祭」）或「祭橋頭」的祭煞（制煞）儀式，北部多用「跳鍾馗」，南部則流行「扛四轎」，名堂不同，但目的與意義則如一，都是在壓制或驅趕孤魂野鬼，以求馬路與橋面的寧靜與平安。

「跳鍾馗」是以跳傀儡戲的形態演出，過程有繁有簡，講究者設道場和神壇，簡單一點的只搬出鍾馗便可就地開演，祭儀由灑淨水、請神開始，經過安符、撒鹽米的過程，最後才請出鍾馗傀儡「跳台」走現場，大抵濁水溪以北都流行這一套，西螺「五洲園」的黃海岱（一九八八年尚在西螺演出）、宜蘭「福龍軒」的許建勳、礁溪「新福軒」的林讚成等傀儡高手，都是跳鍾馗「車路祭」中較享盛名者。

至於南部盛行的「扛四轎」祭路祭橋頭，一般都在神明聖誕時順便舉行，少有為祭煞而祭煞的，方法大抵都非常簡單，也較放任，鑼鼓一起，四轎一「發」，即可直奔出事現場狂舞亂跳一番，最後都猛放鞭炮助興，表示已經止煞，從此橋安路平，交通可以順暢了！

「路不在曲直，超速便易生事；橋不在大小，開快即會肇禍。」

路、橋本無事，之所以有事，那是冒失鬼自找之，大家行車小心點，至少可以減輕路邊、橋頭冥紙所帶來的環保問題；坦白講，祭路祭橋頭應該只是一種信仰行為，清人心遠大於清鬼魂。一九八八年春天筆者採集台南縣鹽水鎮歡雅地區的廟會時，便親眼看到祭路剛搞完，就有人在附近被車撞了……怎麼說呢？

▼四轎祭橋，祭歸祭，橋歸橋，還是有人會撞橋。

請水不成被水請

　　一九九○三月中旬，主祀媽祖的高雄縣甲仙鄉寶隆村五聖宮，舉行「請水」活動，大隊人馬一路開到楠梓仙溪，時辰一到，由一名童乩率領五位信徒抬著手轎衝進溪中，不料溪水太深，六人下水不久便被溪水沖走，岸上信徒一看苗頭不對，趕緊下溪救人，結果救起三人，溺斃三人，其中一位是揮旗喊衝的童乩。

　　非常不幸，也非常意外，這是台灣民間信仰活動少有的特例。

　　「請水」即「請神水」，台灣大多數的寺廟，都曾經有過這種祭祀行為，多在主神聖誕或廟會活動前，以神轎和藝陣籌組香陣，前往當年先民或主神登陸地點的溪河或海邊，取水回廟供祀的一種信仰活動，與「請火」（即「進香」）一樣，同具飲水思源、尋根謁祖的意義。

　　舉行「請水」時間有一年一次、三年一次和不定期（臨時）等數種，地點則有湖泊、溪河和海邊等地方，但不管時間、地點如何，舉行的儀式和汲水的方法，各地都大同小異，過程大致是這樣：現場備辦香案——「紅頭仔」（法師）主持調營——童乩（或四轎）下水汲水——涼傘護送上岸——大轎迎請回廟——置放內殿供祀——事後舉行拜拜。

　　其中重頭戲，當然是「下水汲水」，通常時辰一到，童乩或四轎便以迅雷不及掩耳之速衝下水中，一不小心弄得人仰馬翻是常有的事，它的目的是在強調「那個時」的神水，民間相信，恰到「時」處的神水，最具靈聖。

　　一九七五年以前，台灣河川污染尚不嚴重，所請之「水」還算潔淨，也許此「水」真的是「聖水」；但這之後，尤其一九八九年

▶污穢不堪的將軍溪，請
　水活動卻經常舉行。
▼請水不先勘察深淺，常
　有反被水「請」走之事。

▲請起了聖水，得隆重恭
迎上岸，但溢出去的就
算了。

以後，台灣幾無乾淨之溪，不過，民間的請水活動，依然如期原
地舉行，所請之「水」，好像「黑糖水」，下水的人不是白褲變黑
褲就是全身加色素，更諷刺的是，這桶「聖水」將置於內殿與威
赫的神像朝夕相處，還好，神多眼觀四面耳聽八方而少嗅聞千里！
由此可見，請水活動在民間信仰的意識形態上，顯然象徵意義大
於實質現象。

以「臭」聞名全台的台南縣將軍溪為例，它至少是學甲鎮慈濟
宮（三月十一日）、將軍鄉金興宮（三月十四日）和麻豆鎮海埔池
王府（六月中旬週日）等三廟的請水聖地，臭歸臭，請還是要請，
也許在請水之際，就是一種環保教育，這對神明與「眾爐下」來
說，應該都有反省力！

基本上，請水是一項神聖的信仰大事，事前派人先到請水地點
探路測水深，選擇適當地點下水，是必要的措施，畢竟神助之前
先要自助，有自助、有經驗，再臭的溪，再深的河，也才不至於
像甲仙五聖宮一樣：請水變活祭！

祭河洗港趕水鬼

　　小時候到河邊抓魚，大人總會用這樣的話唬人：千萬不要到深的地方去，要不然會被「水鬼仔」抓去！

　　今天我們都長大了，可是水鬼的魅影，依然在你我心中徘徊！

　　溪河、碼頭等近水之地，說好玩是好玩，說危險也危險，每年不小心溺水而成為波臣者不知凡幾，再加上故意投水自盡者，常使水中「鬼滿為患」；由於祂們都非善終，民間便認為祂們都會找

▼手轎法師齊祭海，祈求
　出海平安，不會喝到鹹
　水。

「接班人」——替死鬼，以求解脫超生，因此凡是有人溺斃的地方，就馬上被視作不潔之地，沒人敢再靠近，尤其禁止小孩到附近玩耍，即使經過也要用跑的，可真是怕鬼怕到家了！

其後，地方為求安寧，便有所謂「祭河」、「祭溪」或「洗港」的信仰行為產生，它的目的就是制壓或驅趕水鬼，使祂不再危害生靈，這種祭煞（制煞）儀式通常由童乩、法師（紅頭仔）或道士主導，有時也加上「四轎」（四人合扛的神轎）或「手轎」（兩人攙扶之小轎）湊熱鬧。

舉行地點有在廟埕「起童」後直奔出事地，也有在水邊設壇招請神將的，但不管那種形態，最後包括童乩、四轎或手轎「起童」者在內，都會全部跳入水中「狐神舞屎批」（蒼蠅飛舞亂跳）的東砍西劈一番，直到轎子或童乩手中的七星劍插指水心某處，表示制服水鬼之後才結束行動，而此時岸上也必定燃放鞭炮，以示大功告成。

玩此遊戲，大意不得，所以舉行前必先做好探測水深的工作，

而舉行當天下水者，也必須由熟諳水性的人擔任，不懂什麼立泳、蛙泳，至少也得會幾招「狗泳」，萬一主導的童乩是旱鴨子的話，那只好在岸邊或淺水之地比劃比劃即可，以免抓水鬼不成反被水鬼抓，畢竟這種不幸的事例，已不只發生一次了！

　　祭河或洗港儀式通常是非常態性的，不過有兩地例外，一是台北縣金山鄉野柳漁港，一是苗栗縣竹南鎮中港溪，這兩個地方每年都固定在某一時間、地點舉行洗港或祭江儀式，野柳是元宵節上午，由保安宮主辦，中港則在端午節午後，由慈裕宮主辦，主導者都是「四轎」，其中野柳漁港的祭法較特殊，連轎帶人由東岸一起跳下港內，然後泗水游過一百多公尺後由西岸上來，緊張又刺激！

　　祭河洗港的目的在驅趕水鬼，使水面回復清淨，這是一種信仰儀式，也是一種信仰行為；其實，水本來就是清淨的，之所以變髒變臭變成水鬼盤據之地，那是人們造成的，搞了半天，驅趕的恐怕不是水鬼，而可能只是你我的心中之鬼！

開光點眼才神氣

　　這是一個有趣但卻嚴肅的故事：一九九〇年七月間報載台南縣善化鎮烏橋地區，在六、七月間一連發生近十件車禍，當地居民檢討的結果，一致懷疑是路旁地藏王菩薩被一名精神病患用破布擦臉侮辱神明所致，便央求鎮長設法解決，鎮長也順應民意，決定重新為菩薩開光點眼。

　　開光點眼是為神像注入生命的儀式，也是神像成「神」的必要過程與最後完成式。

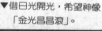

▼借日光開光，希望神像「金光昌昌滾」。

大抵神像的雕造，不管紙糊、泥塑、木雕或銅塑，都屬於專業師傅的工作，但即使雕造得再完美，此時還不算是「神」，只是「像」而已，必用紅紙罩住臉部，表示神靈尚未附著「金身」，同時也是防止邪魔入侵的必要作法，然後須等開光點眼的儀式，賦予神靈之後，才能成為名副其實的神明，這個工作，有能力完成的，僅限於有靈媒身份者，童乩、法師（紅頭仔）和道士是最常見的三種人。

▶點左眼清，點右
　眼明，點錢錢愛
　還……

開光點眼才神氣◎153

▼大眼瞪小眼，相看兩不
　厭。

靈媒角色不一，開光點眼的方法也不相同，即使身份一樣，也往往因師承、派別、個人或地域不同而作法互有差異，尤其「開光咒」，可用「一人一把號，各吹各的調」來形容。不過基本上還是有一套規矩，在拆卸紅罩紙後，大抵如此：

　　先由請神開始，接著「敕鏡」，用符鏡引日光照射神像臉部，表示匯注天地靈氣，此鏡民間稱作「王母娘娘照妖鏡」；然後「敕筆」，所用是一支小楷，叫「銀硃筆」或「文倉筆」，筆尖沾濡白雞的雞冠血揮空敕符一番，以顯其靈力，最後才是開光點眼。通常白雞冠血都只是象徵性的沾一點而已，必須攙和紅墨水才夠用，尤其集體開光者；開光時一面動作，依序點納眼、耳、鼻、口、舌、心、背、手、足以及卅六骨節，一面依其部位誦唸「開光咒」，像「點左眼清，右眼明；點左耳聰，右耳穎……」諸如此類，最簡單的則是：「一點天清，二點地靈，三點點人人長生，四點點神神感應。」

　　點畢，還不算完成，尚得在神像背後預留的小洞放入活的虎頭蜂，依神像大小裝一隻至一〇八隻不等，以增強祂的威靈；有的還放入「五寶」（金銀銅鐵錫）、「七寶」（金銀銅鐵玉真珠瑪瑙）、銅錢或五穀籽等等意寓吉祥、興旺或豐收的神物。搞定後，猛搖神像底座，表示神靈已降臨，從此可以享受人間煙火了，當然囉，也要善盡庇祐的責任了！

　　大家樂、六合彩盛行期間，大抵也是台灣神像的吃香期和落難期，這給我們一點啟示：心誠則靈，多疑必無神；前舉「善化烏橋」故事，似乎也適用這個看法。

太歲當頭安太歲

一提起「太歲」，我們馬上想到一句話：「你敢在太歲頭上動土？」這是大忌，意思是說「你不要命了？」

太歲到底是何許人也？祂就是「歲神」，也叫「歲君」，主掌人間的禍福吉凶，民間以太歲所在為凶方，忌諱掘土或築屋，以免犯忌，如果說這是對太歲的一種懼怕，那倒不如說是對祂的一種尊重。

太歲計有六十位，依六十甲子輪流值歲，總稱為「六十甲子太歲」，當值者則稱「值年太歲」，一年一神。

民間對太歲有兩種「犯沖」觀念，一是「年沖」，一是「對沖」。所謂「年沖」，就是自己的生肖之年必犯沖，如屬羊的人逢羊年，屬猴的人逢猴年等等，這在民間叫「犯刑太歲的人」，如同「正沖」，必須「安太歲」才能平安無事，否則將會「太歲當頭坐，無喜恐有禍」。

而「對沖」就是自己所屬生肖「加六之年」，即「鼠——馬」、「牛——羊」、「虎——猴」、「兔——雞」、「龍——狗」、「蛇——豬」，也會沖犯到太歲，這在民間叫「犯沖太歲的人」，也必須「安太歲」，才能順利大吉，否則就會「太歲出現來，無病恐有災」。

「安太歲」就是「安奉太歲符」的意思，早年雖然已有這種信仰，不過大多只在自己家裡做，把太歲符安奉在正廳神位的左下方；一九八五年以後才開始盛行，大量的被搬到廟宇裡來做，尤其南部，主因是廟宇會舉辦正式的法會，同時也會幫信徒祭拜一年，信徒只要繳交五百元便可安心一年，算來也滿便宜的！

▶安太歲已成今天寺廟的
生財之道。

▼安太歲多由法師主持，
煮油是必要的儀式。

▶貼一張五百元，排排
貼，層層貼，進令如進
水。

　　「太歲符」是一張寫有「太陽星君南斗星君敕令六甲神將天官
賜福國泰民安，太陰娘娘北斗星君敕令六丁天兵招財進寶合家平
安，唵佛敕令太歲××年××星君到此鎮罡」的紅色紙符，信徒
的姓名、住址和生辰八字就寫在左下方。「安」時，先由「紅頭仔」
（法師）作法請神調營，接著在神壇上方安奉值年太歲的神位，
然後「煮油」淨身，信徒一一解運，最後在神位下貼上太歲符。

　　「安太歲」的時間必在年初，南部以大年初三、四為多，之後
每逢十五之日及太歲誕辰日的七月十九，信徒必須奉備祭品祭
祀，直到十二月廿四日「謝太歲」，取下太歲符為止。當然囉，信
士太忙不克前來，折合現金亦可。

　　照民間的說法，除了年沖、對沖犯太歲之外，其他生肖的人也
都有劫數，不是犯歲殺病符、白虎飛刀、官符五鬼，就是犯大煞
飛廉、六害歲刑、天狗弔客……所以最好統統來「安太歲」，「安」
的人愈多，當然廟方的收入也就愈多，這是一種服務，也是一種
生意，好賺得很！

煮油噴火燒眉毛

　　「過火燙下頦，煮油燒目眉。」意思是說「過火」不小心跌倒就會燙傷下巴，「煮油」不小心也會燒到眉毛，這是台灣民間對一些宗教儀式發生意外的兩句俚語。果真如此？真的是這樣，筆者就不只一次看過因「過火」而燙傷住院的例子，也見過「煮油」煮到頭髮燒焦、眉毛不見的有趣事情。

　　「煮油」是台灣民間祈安的巫術祭儀之一，常見於神誕安宅、作醮滌穢、刀梯淨法以及「安太歲」的各種廟會中，作法是這樣：先在倒放竹椅上繫綁兩支約莫六、七尺長的竹棒，左右各一（或以鉛線直接繫住椅柱吊起），然後在椅腳上擺置一口新鼎，鼎內倒

▶用瓦斯煮油，既快且猛，可也是速食文化外一章。

進「火油」或沙拉油，最後起火煮沸，達到沸點即可舉行「煮油」儀式。

雖說「起火煮沸」，但要達到沸點，卻頗費時，非要搞個一兩個小時是不易辦到的，因爲一般都以木炭爲燃料，慢慢搧慢慢燒，民間認爲這是最有靈驗的正統「煮油」法，不得用其他燃料代替；話雖這麼說，爲求效率，近來已有投機取巧的變通辦法了，像用大電扇助燃就是一例，更有乾脆搬出瓦斯爐出來燒的，旣快且猛，看來人間強調時間就是金錢，神界也不得不搞速食文化了！

鼎內「火油」起沸滾燙，開始冒泡，大致是「煮油」時間到了，通常主持者不是「紅頭仔」（法師；在作醮科儀則爲道士）就是童乩，先把預先用棉紙或金紙摺製而成的「火心」（火種）放入滾油中，淋濕之後予以點燃，接著來個請神調五營，畢，口含米酒向鼎內噴去，霎時一道火焰沖天，隨即變小回復原狀，再噴一口，又是火焰沖天，然後馬上又變小，就這樣反覆動作著；其間，在火焰沖天的一刹那，便是善信「抱火」的最好時機，所謂「抱火」，是雙手迅速環攬一下火焰，出手要快，收手也要快，出手太慢抓不到火，但收手太慢就會變成「火燒手」！民間咸信這樣能祛穢淨身保平安！

「煮油」畢，最後一個動作是「送火神」，也就是滅火，此時口含的不是酒而是水，噴下前，有經驗的主持者都會先來個清場，以免發生危險，因爲噴水後的火焰可以竄升到一丈高或到屋頂；一九八九年冬末，筆者家鄉有一小廟舉行入廟安座的「煮油」儀式，由一位新手童乩主持，至「送火神」時，鼎內火油尚多，亦

▼神器煮油的目的在求潔
　淨。

未清場，只見他老兄一副「老神在在」的樣子，口含清水拉長脖子就往鼎內噴下，「嘩！」廟內一片火海，就像表演特技一樣，大家哇哇大叫，有的頭髮著火，有的眉毛燒焦，有的……最慘的是那位童乩，紅頭巾燒了一大半，連鼻子也被燒黑了！

▼送火神是噴水澆熄，經驗不足的法師，有時連自己的眉毛也會一併送走。

安座大吉開廟門

　　台灣是一個寺廟的寶島，本來已是三步一小寺，五步一大廟的境地了，再加上近年來國民經濟能力的提高，天天有人「翻廟起大寺」，寺廟建築便成為民間的「最愛」。也許你聽過這句話：「起廟是咱庄的事，造路是政府的代誌」，搞馬路，很抱歉，我沒錢，那是政府的事，但一聽說要蓋廟，一百萬，一千萬，二話不說樂意捐獻，差別可真大，這也就是為什麼今天台灣「造廟運動」蓬勃的主要原因了！

　　寺廟蓋好，第一個要搞的名堂，便是啟用大典的「開廟門」，沒經這一「開」，神明聖靈是進不來的，有能力主持這個儀式的，只有道士和「紅頭仔」兩種靈媒人物，其中以後者較為通俗。舉行的時間，大多不是午夜的子時，就是天亮的卯時，鮮少利用大白天的！

▶法師扮鍾馗，童乩助聲
勢，各演各的，精彩就
好。

▼鍾馗開廟門，在求瞬間
—「氣」。

　　通常寺廟多作三川門，「開廟門」的對象是中間的大門。儀式前，
三個門都緊閉著，其中大門必上閂，「開廟門」的傳奇便在這裡：
主持的靈媒如何利用神力和法力，使廟門自動打開。民間咸信，
自動打開廟門的寺廟，始具靈力，神明也才能吃得開！

　　一般的先遣作業是這樣，工作人員在廟內排好鞭炮，閂上大門
或用五寸鋼釘釘死後，由側門走出，然後予以關上，廟內不得停
留半個人，以免犯忌，也避免作弊之嫌而落人口實。

　　廟門關後，主持靈媒在門口貼上黃色的符紙封條，作交义狀，
表示「封廟」，閒雜人等不得私自闖入。這時寺廟四週多半也已圈
遶好鞭炮。

　　儀式開始，「紅頭仔」用掃帚、草蓆、油傘驅邪、請神和調五營。
此時，童乩、手轎或四轎也都會適時發跳，這也表示「時辰」即
將到來。

　　「鈴鈴鈴，咚咚咚……」，就在咒語、法鈴、鑼鼓叮噹間，主持
靈媒手持油傘突然衝向廟門，將到未到，一個箭步，運功一撐，
「咱！」廟門打開了！

　　在這瞬間，廟外廟內炮聲大作，一大群人統統往廟裡衝，大小
神像立即安座，就此進駐「新家」，完成儀式。

　　廟門能自動打開？如此神奇？依照物體「靜者恆靜，動者恆動」
的原理來說，那是不可能的事情，坦白講，在廟門「咱」一聲打
開的那一刹那，任誰也沒看清楚，到底怎麼「自動」開的，本山
人看了數次，依然「有看沒有懂」，實在搞不清楚怎麼會有如此威
力的「氣功」！

　　後來有位「紅頭仔」替我解了答，他說：其實，廟門所閂或所
釘有限；其實，玄奇就在開傘運功那一瞬間！

　　江湖一點訣呀！

第四輯

道士篇

取艚請艚龍骨祭

　　相信很多喜好台灣民俗的朋友，都曾看過「燒王船」，但不見得每個人都看過「造王船」，而迎請決定王船大小的「龍骨」祭典，看過的人可能就更少了！

　　龍骨就是王船的主幹，如同人的脊椎骨（脊椎骨也叫龍骨），俗稱「艚」（chiam²），王船造大造小完全依「艚」而來，艚長，王船則造大，艚短，王船便造小，可見艚的角色之吃重，因此，這

▼「艚」就是王船的龍骨，
　造大造小全看這支。

▶在艍造好後，要舉行「請
　艍」儀式。

支艍的材料選擇，就成爲這場王船祭的重要工作，主辦廟宇都要
慎重其事，馬虎不得，而有所謂「取艍」和「請艍」的迎祭活動，
這個活動往往就是王船祭的開場戲，打響這一炮，以後才有戲唱！

　　取艍和請艍祭典，可以同時舉行，也可以分開舉行，南部習俗
多分開辦理，場面雖無燒王船之盛大，但亦頗隆重。

　　取艍是選取龍骨材料的儀式，廟中人員依主神所指定的時間、
地點前往找尋，當場多由手轎或四轎決定目標物，以一棵完整的
大樹爲主，像榕樹、茄冬、檜木、刺竹或龍眼木等等，找到之後
與物主議價，成交即可鋸斷取幹運回；凡被物色到者，對物主而
言是一項榮譽和幸運，多「半買半相送」，很少發生「自己要用，
不賣他人」的尷尬事的！

　　運回時，鑼鼓喧天，轎陣相迎，炮聲自是隆隆價響；回廟後置
於造船的王船廠內，由造船師傅依神明指示的尺寸做成龍骨，以
便擇日請艍，以台南縣西港鄉慶安宮辛未科（一九九一年）的王
船爲例，龍骨的長度是九尺六寸八。

　　請艍是指迎請龍骨並爲其開光點眼附以神靈的儀式。造妥龍骨
之後，先以鑼鼓、轎陣用車載送到焚燒王船的王船地，再擇時央

▼艍也有神靈，須請道士
開光。

　　請高功道士主持開光點眼儀式，用硃筆在龍骨前後左右唸咒點
捺，表示龍骨已有神性了。

　　既造龍骨，代表王船即將開工，而與王船有關的「總趕公」、「廠
官爺」以及兵卒水手等等王爺的先遣部隊，便得統統降臨報到，
開始執行任務，所以在為龍骨開光的同時，這些紙糊的大小官將
兵卒，也要一一開光，附以神靈，以便進駐王船場服務。

　　開光禮畢，再把龍骨安置在專車上請回，一路上又是吹吹打打、
炮聲連連，直到回王船廠「安艍」為止，始結束這項活動；以後，
便是造船師傅的工作了。

　　請艍祭典在王醮來說，是醮典的起頭戲，各項醮事的籌備工作
得逐一進行和完成，神的部份已各就各位，而人的部份也得開始
工作，「守更打更鼓」便是第一項，台南縣佳里鎮金唐殿和西港鄉
慶安宮都還留傳這種古俗。

揮舞掃帚驅火鬼

　　看過南部作醮的人，相信都欣賞過「送火王」的精彩道士戲，那是一個在入醮前舉行，但卻與醮事本身無多大關連的科儀式，目的是在祭請「火王」驅逐醮域內外的「火鬼」，以求轄境免除火災之害。一般作醮時的各種道士科儀不一定公開，但此一「送火王」節目，絕對公開表演。

　　「火王」也叫火神或火祖，是取締和驅趕「火鬼」的神明，人物有三：①「赤明大帝」，白臉黑鬚，祂是火王主神；②「燧人大帝」，白臉白鬚；③「火烜大帝」，紅臉黑鬚；一般大醮三尊並列，小醮則僅祀「赤明大帝」。

　　「火鬼」有「五方火鬼」和「十二種火獸」兩類，是專門散佈火疫的元凶，會招來醮域惡運，所以也就成為「火王」驅除的對象。

　　「送火王」正式的稱呼叫「扑（pah²；拍打）火部」或「滅火科儀」，主要儀式有火王開光、驅除火疫和恭送火王等三個節目，其中主戲是「驅除火疫」。

　　「驅除火疫」就是「滅火」儀式，由主壇道長（高功道士）帶領五位道士表演，皆著黑色「海青」（「武場」道服）。此時道場依東南西北中五方各備一樣水桶（內盛半桶水）、烘爐（炭火燃著）、葵扇和新掃帚，中間並擺放一件小草蓆。

　　儀式開始，先由一位道士雙手緊握捲收的小草蓆，依五方逐一撲打地面作法，嚇嚇小火鬼；之後由主壇道長手持「火部旗」一面搖動，一面誦唸「靈寶禳熒火部科儀」經懺，祭請「火王」速速降臨。誦畢，兩名道士立即拉開草蓆，直立於地面，由一位身

▼高功道長主持「拍火部」
科儀，揮旗舞疫鬼。

手矯捷道士作跳躍草蓆的翻觔斗表演，來回數次，表示「火鬼」
猖獗。

　接著，所有道士成一路，左手執葵扇，右手拿掃帚，於道場中
依五行方位穿梭，時跑時行；數次後，五位道士突然各據一方，
以迅雷不及掩耳之速，各以手中掃帚浸水撲打烘爐中的炭火，並
很快的翻倒水桶，象徵「火鬼」已被驅離或撲滅了。

　「火鬼」既除，「火王」任務已完成，即行恭送，恭送時醮域各
戶人家都得熄火，在場所有人員不得抽煙，如果是晚上還得管制

▶依五行方位你跑我追，
　前面的喘，後面的更
　喘。

路燈和來往車輛（禁止開燈），以示尊崇祂「火王最大」，並帶有讓「火鬼」找不到路回來的含意。到達目的地，一把火送「火王」回駕！

　　入醮前的「滅火科儀」，是南部道士戲很精彩的一場戲，熱鬧活潑、簡潔而有趣；不過，既然是「科儀」，顯然它只是一種象徵意義，一九八八年冬末台南縣七股鄉某廟有剛送走「火王」卻發生廟內失火的糗事，也許「火王」驅除的，只是人們的心中之火，真要失火了，還是得迅速電請一一九！

◀以掃帚撲滅爐火，表示
驅逐了火鬼！只是此庄
不留，自有留「鬼」處。

登台拜表覲玉帝

　　「覲見玉皇上帝」對凡夫俗子的你我來講，那是一件多麼遙不可及的事呀！不過，台灣道士卻有辦法，民間醮事科儀在普度之前所舉行的「登台拜表」節目，便是覲見玉帝的管道，他們多借廟前正戲（大戲）的戲台或另搭舞台演出，這是一場非常隆重且精彩的道士戲，絕對公開。

　　「登台拜表」主要有兩個意義，一是呈送醮表疏文請玉帝過目，祈求上蒼賜福保祐醮域平安；一是請求玉帝恩准開葷，以備葷素

▼穿木屐表示離地，持油
　傘則象徵遮天。

大餐慰祭孤魂，也就是這個節目做完之後，才能「普度」和辦桌請客。

節目開始，起鼓奏樂，除穿「朝鞋」的主壇道長（高功道士）外，其餘上場的道士（通常四或六位），一一脫鞋換上木屐，手持油傘拾階登上戲台。「腳著木屐，手持油傘」，表示「離地遮天」，也就是「腳不著地，頭不見天」，意即「步上雲天登玉闕」。

道士逐一登上天庭後，換上布鞋，分立兩邊靜候高功道士，這與一般戲劇一樣，重要角色要出現以前，總要有一些龍套角色先出場跑一跑。

所有道士就定位後，高功道士隨即持油傘登梯，因他已腳著「朝鞋」，離地三寸了，所以不必再穿木屐。

高功道士是這場戲的主秀，演得好不好完全看他。為襯托重要人物出現，當高功道士甫一出場，便大放鞭炮，此景好似野台布袋戲，武功高強的角色總在隆隆炮聲之後出現。

高功道士登台後，先行自我安符，全身上下遍貼符紙，依序是：頭釦、中勾陳、左（臂）青龍、右（臂）白虎、前（胸）朱雀、後（背）玄武，其中左右前後叫「四靈護身」；另在垂於絳衣後的「素珠鬃」下繫上「卅六官將符」，表示「卅六官將隨吾行」，作為沿途差遣之用。

這套安符的意義就是這樣：上天庭途中，一路險惡詭變，道長藉請四靈護身，就是以防百魔侵擾，萬一發生狀況，便調遣隨行的卅六官將去應變，俾使順利觀見玉帝。

安符後，高功道士手持七星寶劍，率領所有道士啟程。這場戲

▶高功道長身繫卅六官將
符，表示卅六官將隨吾
行。

最精釆的地方，就是高功道士揮砍七星寶劍和不斷旋轉身體的表
演，劍劍生風，一板一眼，氣勢如虹；旋轉起舞，衣飛襟揚，好
似駕霧騰空，煞是壯觀。就這樣在一躍一跳，一來一往，忽東忽
西，忽南忽北的穿梭表演中，來到天庭見了玉帝，完成上奏表文
的使命。

「登台拜表」和許多道士戲一樣，一舉一動，一舞一蹈，都有
很深的象徵意義，表現的手法是非常抽象化的，比如它的「登上
雲天」，用「木屐油傘」來表示，就非常有創意，只是奏完表文火
化之後，便也結束了，如何再騰雲駕霧返回凡間，好像也抽象化
了，這和咱們「虎頭蛇尾」的民族性不知是否有關？

▶旋轉衣襟，好似駕霧騰空，準備覲見玉帝。

敕水禁壇斬魅魔

　　台灣道士法事科儀表演，通常只在道場裡面「暗搞」，很少對外公開，除了廟中醮局人員外，有機會參觀的人實在不多，這也是她一直保持神秘的地方，不過說來也真可惜，許多精彩的武場，雖有賣命的演出，但卻沒有熱烈的掌聲，像「敕水禁壇斬魅魔」就是一齣非常好的道士戲，可是閉關自演的結果，卻只能「暗爽在心內」而已。

　　「敕水禁壇斬魅魔」是一齣道士收降「魅魔」的武戲，一般都安排在入醮之後的第二個晚上演出，除了後場的伴奏之外，實際上場表演的有兩人，一個是高功道士，一個是「魅魔」，多由年輕道士扮演，身穿黑衣，意寓冥界，頭戴紅髮，臉畫陰陽面（亦有戴面具的），手腳各繫黃色高錢（鬼之冥幣），表示鬼怪，也就是魑魅魍魎的象徵體，其實也是代表你我的「心中之魔」。

　　表演開始，高功道士（即「主壇道長」）以七星寶劍先行「敕水」，對道場內的人、事、物、祭品一一作法，以求潔淨，表示邪魔當道，道人下山度風塵拯救萬民；忽然間，天昏地暗、風雲變色，「魅魔」出現，興風作浪，施瘟佈毒，結果生靈塗炭，哀鴻遍野。正當危急間，高功道士左托淨水缽，右執七星劍緊追而出，與魅魔展開一場廝殺，有追有趕，有打有鬥；追，追得魅魔直兜圈子，趕，趕得魅魔東藏西躲，打，打得魅魔滾來滾去，鬥，鬥得魅魔跪地求饒，可是高功道士也被整得七葷八素，上氣接不到下氣。最後，高功道士揮劍一斬，魅魔立即化作一道白煙，不過，並非把魅魔斬死，而是將祂收降，此時，魅魔要卸下身上的高錢置於壇桌下的「斗」內，表示已被囚禁在此，高功道士緊跟著揮劍插

▼高功道長手持七星寶
　劍，下山收魅魔。

入「斗」內，表示封山，魅魔從此不得出關，而天下就此太平，蒼生得到解救。

　　一般把「壇桌」象徵爲普陀岩，而「斗」則稱「鬼仔斗」，通常置於東北角落，即道場右上角，因爲此方是八卦的「艮」方，也就是傳說中的鬼魔出入之地。整齣戲的表演意義就是：道士抓鬼，觀音監管。這可是道地的佛道合作，其間，收降而不斬死魅

▼魅魔造形恐怖，跳到廟
　外包準嚇死你。

▼高功道長降服魅魔，其
　實降服的是你我之心
　魔。

魔的觀念與作法，似乎也頗符合佛家慈悲爲懷和修道人不開殺戒
的修維！

　　魅魔具象化只有南部的道士戲才有，北部則爲抽象化，高功道
士演「斬魅魔」時，只拿七星劍在空中揮舞，自導自演一番；不
過這齣戲演完之後，接著都馬上演「金籙宿啓大法科儀」作一個
收束，以便舉行翌晨的「早朝」。

　　「敕水禁壇斬魅魔」的道士戲，演來生動熱鬧，風趣幽默，觀
賞性與藝術性都頗高，如果能夠完全公開「明搞」的話，對道士
戲的發揚與平民化，應該會有很大的幫助，這不是不可能，只是
觀念問題而已！

和瘟祭船耍鍋蓋

　　台灣南部的王船祭，在出航之前，必有一場替王船「開水路」
的祭船，有些地方叫「扑（pah²；拍打）船醮」。這是一場道道地
地的道士戲，激烈間帶風趣，嚴肅間有幽默，但各地演法並不盡
相同，常因人而異，屏東縣東港、南州一帶的祭船，就有非常獨
特又傑出的表演，可看性相當高，大致是此一區域王船祭最引人
入勝的道士戲。

　　目前活躍於東港溪流域王船祭的道界，是位在林邊鄉崎峰村的
「崎峰道壇」，領導人物是林德勝道長，此一區域的大小法事，泰

▶東港溪流域的王船祭，
以和瘟道士戲最有看
頭。

▼紅旗打藍旗，打得滿地
皆肚臍。

半也都由此系主導，活動力極為旺盛。

　　此系祭船著重在「和瘟」，意即與瘟神和平共處，說得明白點，就是用和平的方法請瘟神疫鬼走路，這和台南一帶偏重「解纜點船」的祭船大異其趣；完整的儀式由「關五雷燈」請五雷神將下壇協助開始，然後演「三獻」和「調營」，最後才是主戲「祭船」。

　　祭船就在王船前舉行，擺置兩張長板橙作橋，中間平放一個竹篩，其下放置一個用烘爐燃燒的鐵鍋，鍋水正沸，右側放水桶，是為舀水之用，左側擺油鼎，以便道長噴火驅瘟；下場表演的道

士計有九位，人手一樣法器：①左拿龍角，右持杓子，是爲「引班」（領路角色）；②拿鍋蓋；③拿掃帚；④持草蓆；⑤持青色和瘟旗(東方)；⑥持紅色和瘟旗(南方)；⑦持白色和瘟旗(西方)；⑧持黑色和瘟旗（北方）；⑨持黃色和瘟旗（中央），由主壇道長扮演。

祭船開始，道士們成一路縱隊，邊演邊唱，逐一上橋作法：①號道士（引班）吹號領路上橋，舀起一瓢清水倒進竹篩，流入煮沸的鐵鍋中，立即冒起一陣白煙，這陣白煙便是象徵瘟氣；跨過竹篩後，②號道士上橋，先用鍋蓋壓蓋一下竹篩，表示壓住瘟氣（疫），然後跨過竹篩後轉了一個身，用鍋蓋和接著上橋的③號道士對打交接，交接後的③號道士再用手中的掃帚撲打竹篩，意寓驅瘟，然後跨過竹篩轉身又和接著上橋的④號道士對打交接……如此一個接一個，一個打一個，變成：鍋蓋打掃帚，掃帚打草蓆，草蓆打青旗，青旗打紅旗，紅旗打白旗，白旗打黑旗，黑旗最後打黃旗，打得滿地皆肚臍。

對打交接過後，九位道士又成一路縱隊，迅速的奔遶王船一周，一個追一個，人手一器，好似「舉（giar⁵）旗棍仔走相追」，追來追去，張飛追岳飛，追得滿天飛；如此演法，一連五次，直到最後一次，當道長奔遶王船一周回來後，以迅雷不及掩耳之勢，用手中黃色和瘟旗很快的打翻所有祭物才告結束，表示瘟神疫鬼已盡驅離出境。

當道士們氣喘如牛的演完這場祭船後，我們有這麼一個感覺，那就是：瘟神疫鬼趕得很辛苦，道士的錢賺得也很辛苦！

▼道長追道士，就像岳飛
　追張飛，追得滿天飛。

潑水開路扑船醮

「燒王船」是一種恭送瘟王出海的盛大祭典，對許多熱愛台灣民俗信仰的朋友來說，並不陌生，但「燒王船」之前必定要舉行的「扑（pah²；拍打）船醮」科儀，就不見得每個人都熟悉了。

有道是：「內行看門道，外行湊熱鬧」，大多數人觀看燒王船，多半只是湊熱鬧好玩而已，想了解一場完整的燒王船，應該不能忽略「扑船醮」，因為那是「王船戲」的序曲，這個「門道」不懂，湊起「熱鬧」來，不但「有看沒懂」，知其然不知其所以然，還會被搞得一頭霧水！

「扑船醮」俗稱「祭船」，目的在為王船點召兵馬眾將官和打通航道開水路，好讓王船升火待發，都由穿著黃色「海青」（武場道服）的道士主持，這是一齣半套武場的道士戲，演來生動有趣，活潑而精彩！

大凡任何一場道士戲，開始都要先來段誦經唸懺，「扑船醮」自無例外，唸的是「祈安扑船醮」科儀，在誦唸的過程中，按情節同時作向船首潑灑的「三獻禮」，向王船送別；其間也作「解纜」表演，在場子裡翻觔斗，表示解下纜繩，然後左收繩、右收繩，動作好似電視裡洗衣機的廣告：左搓右揉，上沖下洗。

解纜後，點召兵將，道士站在船梯口逐一點叫各部人員，每唱一名，在場的人就要應聲喊「在」，表示沒人摸魚，因為「一個蘿蔔一個坑」，少一個人便開不了船。點名是這樣叫的：正大長、副大長、正舵公、副舵公、正阿班、副阿班（桅手，負責三桅的維修者）、大繚、二繚、頭碇、二碇、一千、二千、三千、才副、直庫、香公、總趕公、頭目公、三板公、正出海、副出海、總舖、

◀晚點名，一個也不能留
　下，少一人便開不了
　船。
▼道士表演解纜，自導自
　演還自己當檢場。

▶以鋤頭開水路，王船便
　能「順風兼順流」。

　　水手、船上伙計，各個到船，鹽、糖、醬、醋、酒、米、柴、水，
各具齊備，請船主疊帆起身。

　　「疊帆起身」表示人員到齊可以開航了，此時道士手持鋤頭各
在船頭、船尾左右犁上一道痕跡，象徵「開水路」，然後又各向船
頭、船尾地面潑上一桶水，潑時大喊：「灌龍灌斗頭，順風兼順
流」，意寓「潮水到了」，王船可以直駛大海了。

　　照理講，「潑水開水路」後，應該馬上遷船火化，一氣呵成，但
在流行白天燒王船的地區，道士團都提早在燒王船的前一個午夜
舉行，以便結束整個道士團工作，因為燒王船並非道士團工作，
翌日只要留下一位道士隨船押送即可；不過這樣「扑」歸「扑」，
「燒」歸「燒」的奇特現象，儀式反而變成了必要舉行但卻聊備
一格的象徵性節目；而這段空檔，王船上的「人員」不就沒事幹
了嗎？那倒未必，此時正是打牌的好時機，善男信女所獻的天狗、
四色牌，正好可以派上用場，反正閒著也是閒著！

王船出航推拖拉

　　台澎地區的王船祭，大約在十八世紀以後，都放棄逐水出航的「遊地河」，而改採火化昇天的「遊天河」了，雖說放了一把火燒了祂，但龐然大物的王船，如何從廟埕王船地護送到燃燒地，可是一段傷腦筋的路程。

　　大抵除了台南縣柳營鄉東昇村代天院的王船祭，是在廟前河邊就地火化解決而沒有陸路行舟的煩惱以外，其他各地都得先克服王船大搬家的工程技術問題，在作法上，有的在王船底下裝輪推

◀拉動王船，也拉動信仰，更拉動人心。

動，有的在王船身上套繩肩扛，更有什麼都不裝，什麼都不套，直接由善男信女一起下場死拖活拉上路的，五花八門，形形色色，用一句話來形容，這叫做：一樣的王船，不一樣的出航。

就分佈區域來看，東港溪流域的王船，即屏東縣東港鎮東隆宮、南州鄉代天府和小琉球三隆宮，底部都裝有輪架或輪胎，纜繩一套，有的前面拉，有的後面推，行起船來輕鬆愉快，健「步」如

▶王船逆水行舟不進則「推」！

飛；此一區域之所以「裝輪」成風，主要是此地在燒王船的前一天，都得先舉行「遷船」的遶境活動，不裝個輪子遷遷，王船推得出門，一天下來，恐怕再多的人也拉不回來。

這種裝輪推動的王船祭，不但流行在東港溪一帶，也被其他三不五時才舉行一次王船祭的廟宇所採用。

而在朴子溪流域的王船祭，即嘉義縣東石鄉東石先天宮、網寮鎮安宮、塭港福海宮、型厝福安宮、富瀨富安宮等廟，就不來裝設輪子這一套了，此一地帶用的方式是扛著走的，因為竹架紙糊的王船，長不過一丈，嬌小可愛，玲瓏有緻；出船時，扛木一穿，一二十人便可以扛著跑，其實人多也幫不上忙。不過，大船也有扛著跑的，台南縣安定鄉蘇厝長興宮便是，此廟從一七七二年首科王船祭起，就完全採用人力肩扛，只是這些年在人力難求下，也不得不在船底下裝副輪子「助跑助跑」，然而，它依然是南台灣最典型的「扛王船」，趣味性還是挺高的。

在台地所有王船祭中，屬於曾文溪流域的台南縣西港慶安宮和佳里金唐殿，大概是陸路行舟最艱辛最拼命，但也最龐大最浩蕩的一個信仰區域，此地的王船不裝輪子，只在船底龍骨的兩旁，另加一對槓木，由千百位信徒像螞蟻扛魷魚絲般的拖著「向前行」，一路上「啥麼攏毋（m³；不）驚」，因為大家「攏得（de¹；在）拼老命」。

推的扛的拉的，最後都會來到王船燃燒地，一把火送祂航向不歸海，這也可以用一句話來形容，叫做：不一樣的送法，卻是一樣的火花。

▼這麼大的王船僅安定鄉
　蘇厝長興宮用扛的！

烤豬抓雞燒王船

　　南部是王船祭的大本營，三不五時便有燒王船的民俗活動，它的高潮就在「燒」的這個階段，一燒燒起了觀衆的熱情之火，也燒起了王船內的雞豕大逃亡。

　　依照習俗，王船造好後，便被拖至廟埕泊碇靠岸，錨被放在盛水的大桶中，象徵「拋錨」，並開始接受善信的膜拜和添儎。

　　所謂「添儎」，簡單的說就是善信送給王爺公王爺孫的禮物，一般都以糖包、鹽包、米包和金銀紙料爲多，有時也可以折合現金，自由樂捐一番；而在廟方面，更得爲王船準備生活用品，這些

◀添儎的斤兩一定，得依
　規矩，不可打混仗。

▶豬兄雖然知道逃命，但最後難逃烤乳豬的命運。

東西雜七雜八，挺有趣的；依道士的《扑船醮科儀》記載，是這樣：

鼎二口、灶二個、菜刀三支、砧三塊、碗四縛、箸四縛、碇六個、水缸二個、酒甕三個、斧頭二支、柴刀二支、湯匙四支、鹽卅六包；米七十二包、柴七十二擔、豬一隻、雞六隻、鴨六隻⋯⋯

這些東西大多可以用玩具或紙糊飾品代替，騙騙王爺，唯獨雞和豬必須用真品，為什麼這樣？道理很簡單，因為雞要報更，豬要傳種，當然，這種豬一定是小豬。

當王船被送到焚燒地前，各項「添儀」和生活用品，包括活豬、活雞，都已裝船完畢。到達目的地，堆好金銀紙料後，一把火便送祂啟航。

火勢由小漸大，由弱轉強，火舌終於由船下金銀紙堆上直竄起來，變成熊熊大火，王船盡在火海中。

火燒煙起熱亦升，最先感到不對勁的，便是船上的活雞和小豬。

▼飛不動的變烤雞，飛得
　動的卻成搶雞。

　　別看豬笨，豬頭豬腦的，當火燒到屁股時，第一個「跳船」的
可是牠──生死問題，不得不聰明！

　　不過，很可惜，甫衝下船就被王船人員抓到了（也只有王船人
員會去圍捕），「一二三」又被丟上了王船，這一丟便在船上烤乳
豬了！

　　豬會跳，雞當然也會飛，這可真是「雞飛豬跳」呀！通常就在
抓豬那一剎那，雞族群飛，紛紛奪船而出，各奔前程，可是命運
和小豬一樣，最後終必統統被虎視眈眈的守候觀眾擒到，就是連
被嚇呆而站在船邊發抖的雞兄雞姐，必會成為搶奪對象，每一隻
雞可都是一場混戰呀！

　　為什麼大家不抓豬而要搶雞呢？原來誰搶到了雞就歸誰的，搶
了白搶，不搶白不搶；至於豬嘛，抓了也沒用，最後還是得還給
王船去傳種，也許傳種比報更重要吧！其實，這也滿符合人性的！

獨立蒼茫自詠詩
——速寫民俗學者黃文博

　　黃文博土生土長在台南縣北門鄉偏遠的一塊「鳥不生蛋」的小村莊——永華村，俗稱「井仔腳」。永華村是光復後併「西山」、「溪仔寮」和「館東仔」三地而成，乃紀念當年陳永華先生在此設置鹽場之意。這兒的居民，大部份以晒鹽爲業，著實爲北門帶來不少繁榮。五〇年代的永華村還不錯，最起碼三餐還過得去；六〇年代的永華村更好，收入豐，孩子也多，永華分校一躍爲永華國小；到了八〇年代，大概是受文明物欲的衝擊，粗重的晒鹽工作，再也引不起年靑一輩的垂靑，人口外流，一天不如一天，一年比一年沒落，最明顯的是：永華國小學生人數年年下降，至現在的「個位數」。

　　黃文博可說是眾人心目中的「異數」，因年輕小伙子一個個拋下祖先基業——晒鹽工具，投進紛雜閃爍的霓虹燈社會，黃文博卻留下，雖沒有下鹽田挑「鹽籠」，但到底「人」還在永華村。

　　初次拜訪黃文博，就被一段「本來不是路」，但受時間洗禮而爲「路是人走出來的」路，給搞得「倒車」好幾遍。大門對面小矮牆，擺放一塊不知從那兒「鏗（kiang¹）」來的「未完成八仙石雕」，門口兩側遍置牛車輪、石磨、石臼，好似告訴來訪貴客，這戶主人，正掉進古人歲月裡，要把先民的生活點滴，如：八仙石雕、牛車輪、石磨、石臼一樣，分門別類陳列出來。

　　平房就如你我的家一樣老舊，但當你跨入大廳後頭不到三坪大的「小窩」時，包你掉進台灣叢書堆中。房間不大，佈置雅緻溫馨，一件件蒐集回來的小民藝品，井然有序懸掛牆角，柔和的樂曲配上柔和的燈光，再配上幾張聽說是他太太的小相片，把一間

本是民房「後屏」的小空間，改裝成一間黃文博舞文弄墨的小天地。這兒，黃文博寫出先民的日常生活片段，紀錄先民對天地鬼神崇仰的點點滴滴，當然更蘊育黃文博不少「民俗哲理」，使世俗民俗與他的民俗理念，蛻化為嶄新的「民俗論著」。

　　和黃文博初照面，定被他鄉土再鄉土的打扮愣住，前額微禿，鬍鬚三天不刮，馬上搖身為虯髯客的大眾臉，身著印花便服，腳丫子拖著一雙「男子漢」大木屐，人未到，「跔砳 (khi³ khok⁸)

◀摸春牛，大家最喜歡摸那兩顆「牛鞭丸」。

跔砳｜的木屐聲，已從遠處飄搖而至，這就是黃文博。他拜訪朋友，來匆匆去匆匆，朋友拜訪他「來則同受，去則不留」，絕不婆婆媽媽，絕不講客套話蹧蹋時間。聽劉還月先生說，到黃文博家，如想泡茶，可得自帶茶葉、茶具、生力麵，不然只有「哈」的份。

從事民俗採訪八、九年，出版八、九本論著，每一本皆是黃文博田野調查結晶。台南縣大街小巷，都印滿他的足跡，大小廟會不請自來，一部相機、一部錄音機，附加一本筆記簿，就這樣披

▶小學一年級的他，當了主會，他認為最好玩的是道士。

◀你再哭，我就放下來讓
你自己走！

荊斬棘。有人謂：民俗報導是「脚力的報導」。如成天關在書房爬
格子、找資料亂拼湊，是一種不負責任搔不著邊的報導。有時眞
佩服黃文博的那一半，竟能忍受黃文博跑民俗比抱太太還熱情的
心境，也許這就是人們常說的：「一位成功男人的背後，定有一
位能忍受寂寞，默默擠推先生往前衝的太太。」

以往民俗專書幾乎理論多於事實，常常引經據典博取讀者信
任，負面是：讀者越唸越沒味，翻不到二、三頁就擱止下來。黃
文博改變形態，以一種詼諧的筆調，將以往艱澀的民俗，轉爲生
動活潑的小趣事，也多虧黃文博有這種能耐，絞盡腦汁，拚命想
出這些耐人尋味的「七句聯仔」，慢慢導引群眾一步步跨進時光隧
道，分享先民種種日常行徑。

說眞的，天底下絕沒有白吃的午餐，一個人的成就，除了興趣、
專注外，還須有毅力、恒心，另外還得有一塊清靜的環境。黃文
博蝸居「井仔脚」，很偏僻、很荒涼，但卻帶給他無與倫比的韌性，
向既定目標前進，年輕一輩走了，黃文博很寂寞，但寂寞的他卻
能「獨立蒼茫自詠詩」，唱出千古不朽的名詩，譜出留芳萬世的名
曲。文天祥有〈正氣歌〉，蘇武有〈牧羊歌〉，俺黃文博也要創作
一首「民俗採擷曲」。

當一場廟會曲終人散後，
黃文博的文稿又增添不少，
當鞭炮聲停止，滿地炮
屑待人清理時，黃文
博已將炮聲的音響，

轉譯在方
格內。黃文博
內心深處，標的「百尺竿頭
更進一步」、「著作等身」。
其心願是偉大、可行的；其
理想是崇高、珍貴的。不要
羨慕黃文博，因為人家總是下
一番苦心奮發圖強，而你我呢？
不是喝茶，就是聊天！

深入台灣語文思想世界的專家
──鄭穗影

台灣研究語言的學者專家，雖不算多，卻也有相當的數，這些不同出身的專家，都有一套自己的理論，或堅持古音、或弦調古字、或用羅馬拼音法…卻沒有人眞正研究語言的成因、文法與思想，鄭穗影正是此一遺憾的最仕彌補者；他不只教我們讀台灣話，更教我們認識台灣話！

鄭穗影力作
台灣語言的思想基礎・定價350元
台灣人自我覺醒，尋回語言之美與文化的尊嚴

揭開神秘宗教面紗的能手
——鄭志明

台灣民俗研究的領域中，民間信仰是最受人青睞的項類，然而秘密的宗教卻一直是無人能觸碰、探討的領域，除了鄭志明，這些年來，他把全力投身台灣特殊宗教與秘密教派的調查與研究，成就斐然，深獲各界好評！

鄭志明力作
台灣的宗教與秘密教派‧定價220元
宗教組織與秘密教派映現的寬闊信仰世界
　（郵購九折優待）

樸實純眞的民間學者
—黃文博

父親過世那天，他突然驚覺一個重要民俗文化財的消逝，從此投身台灣民間信仰的世界中，入廟會、出藝陣、忍酷暑、耐寒風，早已練就一副好身手，是台灣民俗領域中最突出的民間學者。

黃文博六書

台灣風土傳奇・定價140元
繁複多變的風土世界與傳奇故事

台灣信仰傳奇・定價220元
多變信仰與流俗藝陣的深刻批判

台灣冥魂傳奇・定價240元
喪葬禮俗、冥魂信仰的傳
奇故事與寫實報導

台灣民俗田野手冊
〈現場參與卷〉
・定價185元
全部實地經驗
與智慧結晶的
民俗採訪參考書

當鑼鼓響起
—台灣藝陣傳奇
・定價175元
眞正深入民間
，掌握民藝脈動的
藝陣全書

跟著香陣走——台灣藝陣
傳奇續卷・定價145元
千奇百怪的民俗陣頭最後集合

肩負重任的文化良醫
—林勃仲

四十歲之前的林勃仲，是台灣著名的婦產科名醫，四十歲之後，他開始跨入本土文化的世界中，矢志為提昇本土文化於世界舞台而奮鬥不懈，不僅開辦了協和藝文基金會與臺原出版社，更親赴台閩等地，實地從事文化變遷的田野訪查，他的每一步，都朝著文化良醫之路邁進！

林勃仲力作
變遷中的台閩戲曲與文化・定價250元
第一本探討台海兩地文化變遷的歷史性詮釋
（郵購九折優待）

・林勃仲訪中國名藝師
江朝鉉的情形。

重新爲
台灣文化測標高！

臺原出版叢書目錄

◉協和台灣叢刊系列◉

台灣土地傳
／劉還月著 ● 定價200元

台灣風土傳奇
／黃文博著 ● 定價140元

台灣的王爺與媽祖
／蔡相煇著 ● 定價200元

台灣的客家人
／陳運棟著 ● 定價200元

台灣原住民族的祭禮
／明立國著 ● 定價190元

台灣歲時小百科
／劉還月著 ● 精裝750元

渡台悲歌
／黃榮洛著 ● 定價260元

台灣信仰傳奇
／黃文博著 ● 定價220元

台灣農民的生活節俗
／梶原通好著・李文祺譯 ● 定價150元

台灣的祠祀與宗教
／蔡相煇著 ● 定價220元

台灣的宗教與祕密教派
／鄭志明著 ● 定價220元

施琅攻台的功與過
／周雪玉著 ● 定價150元

清代台灣的商戰集團
／卓克華著 ● 定價220元

台灣戰後初期的戲劇
／焦桐著 ● 定價220元

台灣的拜壺民族
／石萬壽著 ● 定價210元

台灣的客家話
／羅肇錦著 ● 定價340元

變遷中的台閩戲曲與文化
／林勃仲・劉還月合著 ● 定價250元

台灣原住民的母語傳說
／陳千武譯述 ● 定價220元

台灣語言的思想基礎
／鄭穗影著 ● 定價350元

台灣的客家禮俗
／陳運棟著 ● 定價230元

台灣婚俗古今談
／姚漢秋著 ● 定價190元

國立中央圖書館出版品預行編目資料

趣談民俗事：臺灣民俗趣譚／黃文博文・攝影
--第一版.--臺北市：臺原出版：吳氏總經銷，民82
　　面；　公分.--（臺灣智慧叢刊；13）
　ISBN 957－9261－34－2（平裝）

　1.風俗習慣－臺灣

538.8232　　　　　　　　　　　　　　81006661

⊙台灣智慧叢刊 13 ⊙

趣談民俗事
台灣民俗趣譚
作者／黃文博
校對／黃文博・胡瑞真・黃秀莉

發 行 人／林經甫　　　　　　　　台灣智慧叢書策劃／臺原藝術文化基金會
總 編 輯／劉還月　　　　　　　　董 事 長／林經甫
執行主編／吳瑞琴　　　　　　　　董　　事／林錦華・莊智淳・陳正雄・陳嘉男・蔡金培
編　　輯／詹慧玲・李志芬　　　　　　　　　　賴誌平・陳天賞・郭春祺・余文弘・郭俊男
美術編輯／林瑞雲　　　　　　　　法律顧問／許森貴律師
出版發行／臺原出版社　　　　　　地　　址／台北市長安西路246號4樓
地　　址／台北市松江路85巷5號　電腦排版／瀚霖電腦排版公司
電　　話／(02)5072222　　　　　地　　址／台北市仁愛路四段112巷63號3F
郵政劃撥／12647018　　　　　　電　　話／(02)7555969
出版登記／局版台業字第4356號　印　　刷／廣浩彩色印刷公司
　　　　　　　　　　　　　　　　電　　話／(02)2235117・2239404
定　　價／新台幣175元　　　　　總 經 銷／吳氏圖書公司
第一版第一刷／1993(民82)年1月　地　　址／台北市和平西路一段150號3樓之1
　　　　　　　　　　　　　　　　電　　話／(02)3034150

ISBN 957－9261－34－2
●本書採用再生紙印刷